AGRICULTURE FRANÇAISE.

DÉPARTEMENT DE L'ISÈRE.

AGRICULTURE

FRANÇAISE,

PAR MM. LES INSPECTEURS DE L'AGRICULTURE.

PUBLIÉ

D'APRÈS LES ORDRES DE M. LE MINISTRE

DE L'AGRICULTURE ET DU COMMERCE.

DÉPARTEMENT DE L'ISÈRE.

Scribitur ad narrandum.

PARIS.

IMPRIMERIE ROYALE,

M DCCC XLIII.

AGRICULTURE

DU

DÉPARTEMENT DE L'ISÈRE.

SITUATION GÉOGRAPHIQUE

DU DÉPARTEMENT.

Le département de l'Isère est un département frontière, région de l'est, formé d'une
partie de l'ancienne province du Dauphiné;
il emprunte son nom à la rivière de l'Isère,
qui le traverse du nord-est au sud-est. Ses
bornes sont : au nord, la Savoie et le département de l'Ain; à l'est, la Savoie et une
partie du département des Hautes-Alpes; au
sud, les départements de la Drôme et des
Hautes-Alpes, et, à l'ouest, le Rhône, qui
le sépare du département de ce nom et du

département de l'Ardèche. Sa plus grande longueur s'étend du nord au sud-est, c'est-à-dire depuis les portes de Lyon jusqu'au canton de Corps; sa limite la plus resserrée doit être prise depuis le pas des Échelles jusqu'à la ville de Roybon, dans l'arrondissement de Saint-Marcellin. Sa figure est irrégulière.

SOL.

Le département de l'Isère se compose de plaines, de vallées, de coteaux et de montagnes fort élevées.

L'arrondissement de Vienne est entièrement formé de grandes plaines légèrement ondulées et coupées, de distance en distance, par des coteaux dont l'élévation varie.

L'arrondissement de la Tour-du-Pin présente trois régions : l'une, très-basse, et à laquelle on pourrait donner le nom de marais, si elle n'avait été, en grande partie, desséchée; tels sont, notamment, les pays renfermés dans la vallée de Bourgoin et de la Tour-du-Pin, les communes du Bouchage, des Abrets, etc. l'autre, consistant en plaines et en plateaux plus ou moins étendus; et la troisième, formée par cette multitude de coteaux qui caractérisent le nord-est du département.

L'arrondissement de Saint-Marcellin offre également trois régions, qu'on peut cependant réduire à deux principales, savoir : la vallée qui longe l'Isère, et les montagnes à droite et à gauche de son cours.

L'arrondissement de Grenoble, le plus accidenté de tout le département, renferme les points les plus élevés de la chaîne des Alpes dauphinoises; il se partage en trois

grandes divisions : les montagnes, les vallées
et les plaines.

La nature du sol varie dans chacun des
arrondissements.

Considéré géologiquement, le département de l'Isère offre sept terrains bien dis-
tincts : 1° le calcaire à gryphides, qui s'étend
depuis Chapareillan jusqu'à la ville de Corps,
côtoye l'Isère, la quitte à Grenoble pour en-
ceindre complétement le Drac, et former, en
cet endroit, un triangle dont les trois points
extrêmes peuvent être représentés par le vil-
lage de Fontaine, près Sassenage; Saint-Mau-
rice, dans le canton de Clelles, et le val
Jouffroy, au sud-est de l'arrondissement. Le
calcaire à gryphides se retrouve encore dans
toute la partie qui borde l'Isère depuis Pont-
charra jusqu'à Vizille, et dans les communes
d'Allemont, de Villars-Reculas, de Chante-

louve, de Leperier et au mont de Lans. 2° Le terrain primitif : il occupe une grande partie du sud-est de l'arrondissement de Grenoble; ses limites sont : au nord, Allevard et le pic du Grand-Charnier; à l'ouest, Vizille; au sud, le Désert; et, à l'est, Saint-Christophe. 3° Le grès à anthracites : on le reconnaît parmi le calcaire à gryphées, notamment au val Jouffroy, à Monteynard, à Lamotte. 4° Le grès houillier : il n'existe qu'un seul exemple de ce terrain dans le département; on le trouve à Ternay, dans le canton de Saint-Symphorien, près du Rhône. 5° Le calcaire oolythique, situé exclusivement dans les cantons de Crémieux et de Morestel. 6° Le calcaire des grès verts, qui occupe une partie de l'arrondissement de Grenoble, depuis les Échelles jusqu'à Pont-en-Royans : la Grande-Chartreuse, le Sapey, Sassenage, le Villard-de-Lans, Chichilianne, Laley, etc. sont assis sur ce terrain. 7° Enfin, le terrain d'alluvion, embrassant presque tout le nord et le nord-ouest du département : il comprend les arrondissements de Vienne, de Saint-Marcellin, une partie de celui de la Tour-du-Pin, ainsi que toute la vallée de l'Isère.

Étudié sous le rapport de l'agriculture, le sol du département de l'Isère offre une grande variété de terrains qui explique, en partie, les divers procédés de culture usités dans chaque arrondissement.

A Meizieux, arrondissement de Vienne, la couche arable est silico-ferrugineuse et repose sur un sous-sol de galets, qui, dans certains endroits, gît à cinquante centimètres, et, dans d'autres, à un mètre de profondeur. Les coteaux environnants sont argilo-ferrugineux et offrent une couche labourable très-épaisse.

La commune de Bron présente une argile ferrugineuse, qui, du côté de Lyon, fait place au sable. L'un et l'autre terrain ont pour sous-sol des galets roulés, disposition favorable au sol argileux, qu'il rend moins tenace, moins froid et plus facile à travailler; tandis que sa présence au-dessous du sable ajoute encore aux défauts des terrains légers.

Depuis Bron jusqu'à la Verpillière, le sol ferrugineux règne presque exclusivement, et présente une couche végétale tellement superficielle, qu'en plusieurs endroits le terrain, encombré de galets, n'est plus susceptible de culture et reste en friche. Sans les fumiers de toute espèce qu'on se procure à Lyon, une grande partie des communes de cette contrée retireraient à peine leurs frais de culture, tandis qu'avec cette ressource elles obtiennent du blé, de l'orge, et de riches récoltes de luzerne et de pommes de terre, là où le seigle même réussirait difficilement dans toute autre circonstance.

Le canton de Saint-Symphorien, et surtout le pays qui longe le Rhône, présentent les meilleures terres de l'arrondissement de Vienne : la couche arable, argilo-siliceuse, réunit toutes les qualités des bons sols à blé et à luzerne. Cette couche offre une homogénéité parfaite jusqu'à la profondeur de deux à trois mètres, la partie inférieure ne différant de la surface que par l'humus et l'influence des agents atmosphériques qui n'arrivent pas jusqu'à elle. Le sous-sol est formé par des galets roulés, empâtés dans le calcaire en plusieurs endroits.

En s'enfonçant vers le sud de l'arrondissement, on trouve encore de bonnes terres argilo-siliceuses. Du côté de Salaise, dans le canton de Roussillon, on voit d'excellentes terres à froment; mais, à quelque distance de ce pays fertile, le sol change de nature. Au Péage, il devient sablonneux, et tellement graveleux dans plusieurs communes, que de grandes étendues de terrain sont abandonnées à la nature; ici, la couche arable a disparu complétement. Du côté de Vienne, les plateaux, d'une argile douce, se laissent aisément travailler; dans la plaine, près du Rhône, le sol est généralement plus compacte et plus fertile.

Dans le canton de Saint-Jean-de-Bournay, une partie des terres est silico-argileuse, et l'autre est entièrement caillouteuse; presque toute cette localité repose sur un sous-sol de galets.

La côte Saint-André présente deux natures de terrains : dans la plaine, c'est l'argile siliceuse qui domine; elle a pour sous-sol, à trente-deux centimètres environ de profon-

deur, un sable propre à bâtir ; les instruments
l'entament avec peine, les bêtes s'y fatiguent
beaucoup, mais le sol jouit d'une haute fertilité.

ARRONDISSEMENT DE LA TOUR-DU-PIN.

La plus grande partie des terres de l'arrondissement de la Tour-du-Pin sont argilo-
siliceuses, surtout vers le sud-est ; le nord, le
nord-ouest et le nord-est se composent de
terres où la proportion du sable l'emporte
sur celle de l'argile.

Dans le canton de Crémieux, les sols qui
avoisinent le Rhône sont généralement de
nature siliceuse ; on y trouve aussi un sable
rouge et quelques terres grasses d'alluvion.
Toutes ont pour sous-sol des galets roulés,
plus ou moins rapprochés de la surface.

Depuis Pont-Cherry jusqu'à la Balme, on ne rencontre qu'un sol léger, ferrugineux, dont le sous-sol, formé de galets roulés, n'est pas généralement à plus de seize centimètres de la couche arable.

A Morestel, le terrain est argilo-siliceux; en s'avançant davantage vers l'est du canton, on trouve, à Brangues, d'excellentes terres d'alluvion; au Bouchage, des terres argilo-marneuses de première qualité; dans les bas-fonds, le long de la frontière, les sols tourbeux ne sont pas rares : les uns sont soumis à la culture, les autres sont affectés depuis longtemps à la production des fourrages; à Vezeron, la terre est silico-argileuse.

Le canton de Bourgoin offre un aspect particulier : tout le pays est partagé en petites vallées, formées par le rapprochement des coteaux, qui courent sur plusieurs lignes parallèles, dans la direction de l'est à l'ouest. Ces coteaux ont une pente assez rapide; aux trois quarts de leur élévation commence la végétation des chênes et des châtaigniers; les vignes sont placées immédiatement au-dessous, et dans l'intervalle des *treillages* on cultive des pommes de terre, des haricots, des céréales, ainsi que le sainfoin, auquel ce sol convient bien. La plaine, conquise sur d'anciens marais desséchés, est consacrée à la production spéciale de l'avoine, du chanvre et de l'herbe. Le sol de ces marais manque de consistance; il se dessèche avec une extrême rapidité, et se réduit alors en cendres; d'un autre côté, l'eau le pénètre facilement, et en interdit promptement l'accès aux hommes et aux animaux de travail : il en résulte que les sécheresses et les pluies prolongées lui sont également contraires. Le sol des coteaux est une terre argilo-siliceuse, qui fait place à l'argile tenace sur les plateaux; le

sous-sol est argilo-marneux, circonstance dé-
favorable, puisqu'elle ajoute encore aux défauts de la couche arable, en retenant davantage les eaux à la surface. Les terres de la
plaine sont d'une bonne nature : on peut les
rapporter généralement aux terres franches
ou terres à blé par excellence; elles conviennent encore à la luzerne, au trèfle, aux
betteraves, etc. Beaucoup de localités de ce
canton renferment des sols tourbeux, la plupart en culture.

ARRONDISSEMENT DE SAINT-MARCELLIN.

Le sol gras d'alluvion règne dans toute la
partie de l'arrondissement qui est arrosée par
l'Isère : Tullins et Moirans peuvent être regardés comme les terres les plus fertiles de
tout le département. Aux portes mêmes de
Saint-Marcellin, on trouve une bonne terre
argilo-siliceuse, propre à toutes les cultures.

Dans le canton de Roybon, les terres compactes dominent sur les coteaux ; elles sont formées d'une argile rougeâtre, très-difficile à travailler. Le sous-sol est un poudingue très-serré. Les terres de la plaine sont silico-argileuses et se laissent aisément entamer par les instruments ; la couche arable a environ trente-deux centimètres de profondeur. Les terrains de la rive droite de l'Isère ont un sol graveleux, léger et rougeâtre, reposant sur un sous-sol de cailloux roulés ; ces terres souffrent beaucoup de la sécheresse. Il en est de même des terrains situés sur les communes de Saint-Bonnet, de Saint-Antoine et de Saint-Latier : le sable rouge, qui y domine, compromet les récoltes dans les années de sécheresse ; en revanche, le mûrier y réussit très-bien et doit, un jour, devenir son principal produit.

ARRONDISSEMENT DE GRENOBLE.

L'arrondissement de Grenoble offre une
grande variété de terres. Dans la montagne,
on trouve des localités dont le sol est entièrement calcaire, quelques-unes où l'argile est
très-compacte, d'autres où l'argile s'allie à
une forte proportion de silice, plusieurs enfin
où le sable domine. Tel est, notamment, le
sol de la commune d'Uriage : celui-ci est très-
sujet à la sécheresse; mais il devient extrêmement fertile dans les années pluvieuses.
En général, il repose sur un sous-sol de gravier; c'est par exception qu'il est argileux
dans plusieurs localités. Les différents degrés
d'élévation des sols de la montagne exercent
une grande influence sur leur fertilité naturelle.

Le sol de la vallée de Grésivaudan diffère

selon qu'on l'étudie sur la rive droite ou sur
la rive gauche de l'Isère. La rive droite de la
vallée offre trois sortes de terrain : la partie
la plus rapprochée de la montagne est un
sol argileux, de consistance moyenne; en s'é-
loignant un peu, on rencontre l'argile tenace,
la terre à brique par excellence, retenant
l'eau avec force, se crevassant dans les chaleurs de l'été, et se réduisant en poudre par
l'effet des gelées. Au-dessous de ce rayon
s'étendent les alluvions de l'Isère, excellent
sable déposé par les eaux, ayant une couche
de plusieurs mètres d'épaisseur, et jouissant
de la propriété de conserver de la fraîcheur
par les plus grandes sécheresses. Cette espèce
de sol est une conquête de l'industrie de
l'homme sur la nature. Le fond de la vallée
n'était jadis qu'un amas de galets roulés, à
peine recouvert en quelques endroits par le
limon de l'Isère : des riverains, voulant se
mettre à l'abri des ravages trop fréquents de

ses eaux, entreprirent de modérer son cours; ils établirent, de distance en distance, des digues artificielles, et détournèrent l'eau de manière à empêcher la formation d'un courant direct. L'atterrissement eut bientôt lieu; la facilité avec laquelle il s'effectuait éveilla l'attention des propriétaires intéressés : en peu d'années, le sol naturel s'éleva, grâce à cette opération si simple. Toute la vallée de Grésivaudan a été ainsi exhaussée par les dépôts de l'Isère ou de ses affluents, notamment de la Romanche, qui reçoit dans son sein la Dôle et le Drac. L'atterrissement fut d'autant plus prompt qu'on disposait d'un plus grand volume d'eau, et que celle-ci était plus chargée de limon. Avec des engrais fréquemment appliqués, on obtient sur ces terrains de magnifiques récoltes de grains, de chanvre, de trèfle, et des produits fort abondants en raisin.

Le sol de la rive gauche de l'Isère est une terre d'alluvion de consistance moyenne; le sous-sol de la vallée consiste en galets qui se trouvent à des distances variables au-dessous de la couche arable.

CLIMAT.

Les nombreux coteaux, et surtout la chaîne des Alpes qui traverse une grande partie de l'Isère, exercent une influence sensible sur le climat de ce département.

Dans les arrondissements de la Tour-du-Pin et de Vienne, ainsi qu'au sud de l'arrondissement de Saint-Marcellin, la température est assez douce ; dans l'arrondissement de Grenoble, au contraire, le froid se fait sentir avec une grande rigueur pendant l'hiver, et les chaleurs de l'été sont souvent très-fortes : ce phénomène s'explique par la présence des montagnes ; c'est aussi à cette cause qu'il faut rapporter les variations brusques de température auxquelles une partie du département est sujette.

Les pluies sont, en général, abondantes au commencement de l'automne et du printemps ; par opposition, il n'est pas rare, dans certaines années, de voir l'été se passer sans qu'il tombe une seule goutte d'eau dans plusieurs localités.

Les vents dominants dans la plaine sont ceux du nord et de l'est ; les autres vents, selon les contrées où ils soufflent, produisent des effets plus ou moins fâcheux, ou favorables pour les récoltes. Le canton de Meizieux est très-sujet aux orages ; c'est le sud-ouest qui les amène. Le vent d'ouest occasionne des trombes d'eau et la grêle ; le vent du sud égrène les récoltes, celui du sud-est dessèche

la terre. Dans le canton de Vienne, le vent
du sud (*vent blanc*) amène la pluie : on le
redoute surtout en mai, parce que, à cette
époque, il brûle les récoltes ; le vent du nord
(*vent de bise*) coïncide toujours avec un temps
froid et sec. A la Côte-Saint-André, le vent
d'est est le plus redouté, tant qu'il y a de la
neige sur les Alpes ; il fait alors très-froid ;
cette température, arrivant en avril, nuit beaucoup aux vignes et à toutes les plantes d'une
végétation précoce ; une fois la neige des
Alpes fondue, le vent d'est assure la température, qui devient régulière et même chaude.
Le vent du sud-ouest amène l'orage dans
cette localité ; les pluies y sont surtout abondantes en octobre et en septembre, ainsi
qu'en février et en mars ; partant, les travaux
pour les semailles sont souvent dérangés.
Dans le canton de Crémieux on redoute beaucoup le vent d'est (*farou*) ; lorsqu'il passe sur
les neiges des Alpes, il arrive alors dans la

plaine chargé de froid et d'humidité, pénètre tout et *givre tout*, suivant l'expression des habitants. Les pluies sont surtout fréquentes, dans cette localité, au printemps et au commencement de l'automne. Dans le canton de Morestel, le vent du nord est regardé comme le plus fâcheux pour les récoltes, surtout pour le mûrier, dont il déchire les feuilles ; il amène la sécheresse ainsi que le vent d'est.

Dans l'arrondissement de Saint-Marcellin on redoute beaucoup les vents du nord et du sud, parce qu'ils dessèchent la terre ; le sud-ouest y amène ordinairement les orages.

Dans l'arrondissement de Grenoble, le vent du midi passe pour très-contraire aux récoltes ; la chaleur qu'il détermine est si forte qu'elle brûle tout ; le sud-est amène l'orage ; les récoltes sont regardées comme assurées quand c'est le vent du nord qui souffle au moment de la floraison. Le voisinage des montagnes occasionne souvent la grêle dans les vallées ; les gelées blanches ne sont pas rares au printemps, mais ordinairement elles ne nuisent pas aux récoltes.

ROUTES ET COURS D'EAU.

Le département de l'Isère n'a offert, pendant longtemps, que des routes peu nombreuses, d'un accès difficile, et mal entretenues ; dans les localités montagneuses surtout, ce vice se faisait tellement sentir, que les relations de communes à communes étaient souvent interrompues à l'époque de la mauvaise saison. Depuis douze ans environ, cet état de choses a complétement changé. De nouvelles routes ont été percées ; les anciennes voies de communication ont été reprises sur de meilleures bases ; leur entretien

se poursuit avec la plus grande régularité.
Aujourd'hui, le département de l'Isère est un
de ceux qui présentent les plus belles routes
dans une contrée où la nature n'avait point
épargné les difficultés de tout genre ; cet heureux changement, on le doit au zèle éclairé
de l'administration locale et aux sacrifices que
les citoyens se sont généreusement imposés
pour ouvrir plus de débouchés au commerce
et à l'agriculture.

Le département de l'Isère n'est arrosé que
par deux rivières navigables, le Rhône et
l'Isère ; les autres cours d'eau principaux qui
le traversent sont la Bourbre, le Guiers, le
Drac et la Romanche ; ces deux derniers, remarquables par la rapidité de leurs eaux tor-
rentueuses, se jettent dans l'Isère ; ils causent
souvent de fâcheuses inondations dans les vallées qu'ils parcourent.

On compte dans le département de l'Isère sept routes royales, dix-sept routes départementales et vingt-neuf chemins vicinaux de grande communication. Le tableau suivant met en relief la richesse du département sous le rapport de ses voies de communication.

ROUTES ROYALES.

Route n° 6 ,   de Paris à Chambéry.

n° 7 ,   de Paris à Antibes.

n° 75 , de Châlons-sur-Saône à Sisteron.

n° 85 , de Lyon à Nice.

n° 90 , de Grenoble à Chambéry.

n° 91 , de Grenoble à Briançon.

n° 92 , de Valence à Seyssel.

ROUTES DÉPARTEMENTALES.

Route n° 1 , de Grenoble à Romans.

n° 2 , de Grenoble à Montmeillan.

n° 3 , de la Frette à Vienne.

n° 4 , de la Frette à Sablons.

Route n° 5 ,   de Bourgoin à Lagnieu.

    n° 6 ,   de la Mure à Lalley.

    n° 7 ,   de Bourgoin aux Échelles.

    n° 8 ,   de Vienne à Lancin.

    n° 9 ,   de Champier à Vienne.

    n° 10 , de Rives à Andance.

    n° 11 , du Pont-en-Royans à Lyon.

    n° 12 , de Morestel à Lyon.

    n° 13 , de la Frette aux Abrets.

    n° 14 , de Vienne à Romans par Beaurepaire.

    n° 15 , de Vienne à Lagnieu.

    n° 16 , de Givors à Lagnieu.

    n° 17 , de Goncelin à Allevard.

CHEMINS VICINAUX DE GRANDE COMMUNICATION.

Chemin n° 1 , de Champ à la Mure.

    n° 2 , de Gières à Vizille.

    n° 3 , de Voreppe à Saint-Laurent-du-Pont.

    n° 4 , de Chirens au Pont-de-Beauvoisin.

    n° 4 *bis* , du Pont-de-Beauvoisin à Aoste.

    n° 5 , de Grenoble à Vizille.

    n° 6 , de Sassenage au Villars-de-Lans.

Chemin n° 7, de Laffrey à Lamotte.

n°ˢ 9 et 9 *bis*, d'Allevard à Chapareillan.

n° 10, de Crolles à Brignoud.

n° 11, de Domène à Montbonnot.

n° 12, de Voiron à Rives.

n° 13, de Corps à Mens.

n° 13 *bis*, de Mens à Clelles.

n° 14, de Sablons au Péage.

n° 14 *bis*, du Péage aux Roches.

n° 15, de Champier au Rhône.

n° 16, de la Tour-du-Pin à Morestel.

n° 17, de la Tour-du-Pin à Virieu.

n° 18, de Jailleu à Saint-Marcel.

n° 19, de Flozailles à Curtin.

n° 20. de Saint-Marcellin à la Frette.

n° 21, de Tullins à Rives.

n° 22, de Vinay à Sᵗ Étienne-de-Sᵗ-Geoire.

n° 23, de Sᵗ-Étienne à la Côte-Sᵗ-André.

n° 24, de Crémieux à Lyon.

n° 26, de la Mure à Entraigues.

n° 27, de Sᵗ-Marcellin à Sᵗ-Antoine.

n° 28, de Saint-Geoire à Recoin.

IMPORTANCE RELATIVE DES INDUSTRIES
AGRICOLE ET COMMERCIALE.

Si l'on en excepte quelques rares localités où l'industrie prédomine, on peut affirmer que l'agriculture forme l'occupation principale de la grande majorité des habitants de l'Isère. Ici, personne n'est étranger aux procédés agricoles : le propriétaire, tantôt exploite lui-même la totalité de son domaine, tantôt il en loue une partie à des fermiers, tantôt enfin, il en confie la gestion à des métayers. Dans ce dernier cas, le propriétaire s'occupe directement des opérations de la culture, car son intérêt privé l'oblige à en surveiller l'exécution et à résider sur sa propriété, au moins pendant le temps où doit s'effectuer le partage des produits bruts de la récolte.

Cette heureuse supériorité que l'agriculture conserve encore dans ce pays, entraîne

avec elle divers avantages importants. Jusqu'ici
on ne voit pas les populations rurales déser-
ter les campagnes pour venir chercher dans
les villes un salaire en apparence plus élevé ;
le sol conserve les bras nécessaires à sa culture ;
la vigueur de la population se maintient et se
fortifie dans des travaux que la salubrité de
l'air et un régime continu de sobriété rendent
faciles à supporter : l'homme, loin des villes,
garde son indépendance naturelle et vit heureux de la profession de ses pères, sans connaître les tourments d'une ambition qui ne
peut être contentée.

POPULATION.

D'après le recensement fait en 1836, on
compte, dans le département de l'Isère,
573,645 habitants, répartis de la manière
suivante entre les quatre arrondissements
qui le composent :

CHEFS-LIEUX d'arrondissement.	POPULATION		
	des communes.	des arrondissem.	du département.
Vienne........	16,484	145,001	
La Tour-du-Pin..	2,484	129,809	573,645
Saint-Marcellin..	2,885	85,267	
Grenoble.......	28,969	213,568	

ÉTAT DE LA PROPRIÉTÉ.

La propriété, dans le département de l'I-sère, est extrêmement divisée; on n'y voit, pour ainsi dire, que la petite et la moyenne culture; les grandes fermes sont tout à fait exceptionnelles dans chacun des quatre arrondissements.

Dans l'arrondissement de Vienne, l'étendue moyenne des exploitations ne dépasse pas 15 à 20 hectares; il en est un grand nombre de 8 à 10 hectares ; quelques-unes ont jusqu'à 40 hectares.

Dans les fermes de 15 à 20 hectares, on a un maître charretier, un *touchon* ou valet de cour, et une servante.

Le personnel, dans les fermes de 8 à 10 hectares, se compose du fermier, d'un aide et d'une servante.

Chez les gros cultivateurs de la Côte-Saint-André, dans les exploitations de 25 hectares, il y a ordinairement deux charretiers, un touchon et une servante.

Dans l'arrondissement de la Tour-du-Pin, l'étendue moyenne des exploitations ne dépasse pas 20 hectares ; il en est un petit nombre de 30 à 40 hectares : beaucoup ne comprennent que de 5 à 10 hectares.

Pour 6o hectares, on a un maître charretier,
un bouvier, un touchon, une fille de basse-
cour et, parfois aussi, un enfant pour garder
les vaches et les moutons.

Dans les petites exploitations de 1o hectares, le fermier travaille en personne ; il se
fait aider par un domestique. La femme est
chargée des soins du ménage,

Les plus grandes fermes, dans l'arrondissement de Saint-Marcellin, n'excèdent pas
5o hectares ; la plupart ne comptent que 1o
à 1 2 hectares : même personnel que dans l'arrondissement de la Tour-du-Pin.

Dans l'arrondissement de Grenoble les propriétés de 1oo hectares sont tout à fait exceptionnelles ; la plus grande partie des fermes
de la vallée de Grésivaudan n'ont que 1o à
1 2 hectares ; dans plusieurs localités de la

montagne le morcellement est arrivé à ses dernières limites : on trouve des cultures qui comptent à peine quelques ares d'étendue.

CONTRIBUTION FONCIÈRE
(PRINCIPAL ET CENTIMES ADDITIONNELS COMPRIS),
ANNÉE 1841.

Arrondissement de Grenoble..... 1,520,237^f 09^c
Arrondissement de Vienne....... 1,123,049   58
Arrondissement de la Tour-du-Pin.   904,446   63
Arrondissement de Saint-Marcellin.   675,858   56

Total...... 4,233,591^f 86^c

Les terres en culture dans le département de l'I-sère, sans y comprendre les prés, les bois ni les pâturages, ont une contenance de.   367,013 hectares.

Les terres en friche, les pâtis, landes et bruyères en ont une de.....................   64,255

Le nombre des parcelles des propriétés foncières non bâties s'élève à.................. 1,460,717 hectares.

Celui des propriétés bâties est de.................... 114,918

Total..... 1,575,635

BAUX.

On compte un certain nombre de cantons dans le département de l'Isère, où les propriétaires cultivent eux-mêmes leurs terres; la plupart des exploitations, cependant, sont louées à des fermiers : dans quelques localités, notamment au sud-ouest du département, les biens ruraux sont soumis au métayage. Dans ce dernier système, les propriétaires donnent leurs terres à exploiter à moitié fruit; plusieurs sous la condition absolue que les récoltes seront vendues sur pied, et que le prix en provenant sera partagé par égales portions

entre le métayer et le propriétaire ; les autres
(et c'est la majorité) conviennent de partager
les fruits en nature ; ils font quelques réserves
et disposent ensuite de leur part brute comme
bon leur semble. Dans l'un et l'autre cas, le
propriétaire fournit un cheptel de bestiaux de
travail et de rente soi-disant en rapport avec
l'importance de l'exploitation, ainsi que tous
les instruments aratoires dont le colon a besoin. Lorsqu'il y a fermage, il n'est pas rare,
dans beaucoup de cantons, de voir une partie des cultivateurs payer leur fermage moitié
en nature, moitié en argent. L'usage d'exploiter par colons partiaires tend chaque jour à
s'affaiblir ; on lui préfère communément le
système d'exploitation par fermiers.

La durée et la teneur des baux varient.

Dans l'arrondissement de Vienne la durée
des baux s'étend depuis trois jusqu'à neuf

ans; dans les cantons de Vienne et de Meizieux, ils sont généralement de neuf ans; dans le canton de Saint-Jean-de-Bournay on passe communément bail pour sept années; dans les cantons de la Verpillière et de Saint-Symphorien, les baux sont de six ou neuf ans, avec la faculté de se dédire à la troisième année; à la Côte-Saint-André ils sont ordinairement de trois, six ou neuf ans, avec la liberté réciproque d'y renoncer à la troisième année.

Dans l'arrondissement de la Tour-du-Pin, la durée du bail n'excède pas neuf ans; dans plusieurs cantons, notamment dans celui de Morestel, propriétaires et fermiers se réservent la faculté réciproque de renoncer au bail à partir de la troisième année; dans les cantons de Bourgoin et de la Tour-du-Pin, la durée des baux n'est également que de six ou neuf ans, mais le fermage se transmet généralement du père aux enfants; dans l'ar-

rondissement de Saint-Marcellin, la durée
ordinaire des baux est de neuf ans; lorsque
l'exploitation est de peu d'étendue, le propriétaire et le fermier se ménagent souvent
la faculté de renoncer au bail vers le milieu
de sa durée.

Dans l'arrondissement de Grenoble, la durée des baux n'est pas moins variable. La
montagne offre des exploitations affermées
pour trois, six ou neuf ans; dans la vallée de
Grésivaudan, beaucoup de terres sont louées
pour neuf années; dans le canton d'Uriage,
ainsi que dans plusieurs autres localités, à
l'expiration des cinq premières années, on a
la faculté réciproque de résilier le bail.

Les baux dont la durée excède neuf ans
sont de véritables exceptions dans le département de l'Isère; l'exemple de ce progrès
a été fourni par les propriétaires les plus
éclairés.

Les principales clauses du bail, bien que susceptibles de modifications infinies, suivant la position des parties intéressées, offrent cependant de grands traits de ressemblance dans chaque arrondissement; toutes peuvent se rapporter aux deux modes suivants :

BAIL À FERME.

« Le sieur..... donne à bail au sieur....., « pour 3, 6 ou 9 ans, avec facilité de se dé- « dire à la troisième année, moyennant la « rente annuelle de..... la ferme du Grand- « Pré, située à..... composée des terres et dé- « pendances ci-après désignées, etc.

« Art. 1er. Les payements se feront en nu- « méraire métallique, argent de France, en « deux termes, la première moitié au 24 « juin, et la seconde au 11 novembre.

« Art. 2. Le preneur ne pourra sous-louer
« ni en partie, ni en totalité, les immeubles
« affermés, que du consentement par écrit du
« bailleur.

« Art. 3. Le preneur habitera les bâtiments
« du..... avec gens en suffisance pour la bonne
« exploitation des fonds affermés, sans pouvoir
« surcharger lesdits fonds en aucune manière;
« il fera consommer toutes les pailles dans le
« domaine pour l'engrais des fonds, et les
« rendra, à sa sortie, bien hébergés.

« Art. 4. La dernière année de son bail, il
« sera tenu de laisser les trois quarts du foin
« des pièces..... et les trois quarts du trèfle
« bien hébergés dans les bâtiments; il s'o-
« blige à les plâtrer et fumer dûment: il s'o-
« blige, en outre, à ensemencer, l'avant-der-
« nière année de l'expiration de son bail.....
« hectares de terre en graine de trèfle dans les

« endroits les plus propices et fumés, et sur
« les coupes desquels lesdits trois quarts seront
« pris, attendu qu'à son entrée il doit en trou-
« ver la même quantité ensemencée.

« ART. 5. Il laissera en outre, à sa sortie......
« hectares de terres ensemencées en luzerne
« dans l'endroit qui lui sera indiqué par le
« bailleur, de laquelle luzernière il fournira
« la graine, l'ensemencera à la quatrième an-
« née de son bail de six années, après avoir
« bien fumé et préparé la terre, attendu qu'à
« son entrée il en trouvera une pareille quan-
« tité ensemencée.

« ART. 6. Le preneur entretiendra les toits
« des bâtiments bien regoutoyés, et les rendra
« ainsi à sa sortie ; il sera tenu des réparations
« locatives et d'avertir le bailleur des grosses
« réparations qu'il y aurait à faire, sous peine
« d'en demeurer personnellement responsable,

« à l'effet de quoi le preneur fera, à ses frais,
« tous les charrois des matériaux, fera, en sus,
« tous les charrois dont le preneur pourrait
« avoir besoin annuellement.

« ART. 7. Se réserve, le bailleur, tous les
« arbres morts sans être obligé d'en fournir
« aucun au preneur pour les outils aratoires.
« Le preneur fera, à son profit, l'élagage des
« arbres qui sont accoutumés à être élagués;
« il fera nettoyer les mûriers; il fera la coupe
« des haies vives, dans les temps et saisons
« convenables, après qu'elles auront cinq
« poussées, en coupes réglées d'un cinquième
« chaque année; il sera tenu de garder les
« fossés en bon état, et de les rendre bien ré-
« purgés.

« ART. 8. Le preneur ne laissera intro-
« duire aucun chemin ni sentier abusif sur
« les fonds affermés; il veillera à ce qu'il ne

« soit fait aucun empiétement par les voisins,
« à peine de tous dépens, dommages-inté-
« rêts.

« ART. 9. La chasse demeure exclusivement
« réservée au bailleur dans lesdits fonds af-
« fermés.

« ART. 10. En cas de vente ou d'échange
« d'aucuns desdits fonds ou bâtiments affer-
« més, le preneur ne pourra prétendre à
« d'autre indemnité qu'à une diminution pro-
« portionnelle sur le prix de ferme.

« ART. 11. Le preneur cultivera la vigne
« en bon père de famille, en y faisant annuel-
« lement tous les provins nécessaires, laquelle
« vigne ainsi que les provins il fumera dû-
« ment et garnira entièrement d'échalas.

« ART. 12. Le preneur agira dans l'exploi-

« tation en bon père de famille, comme agis-
« sent les meilleurs cultivateurs du pays. Le
« preneur plantera à ses frais trois douzaines
« de plançons en saules, lesquels plançons se-
« ront pris sur la coupe des arbres qui sera
« faite par coupes réglées, comme elle se fait
« ordinairement. Il sera tenu encore de faire
« annuellement à ses frais, dans les endroits
« qui lui seront désignés par le bailleur, douze
« creux d'arbre de 1 mètre 29 millimètres de
« longueur, sur 650 millimètres de profon-
« deur, pour y planter des arbres qui lui se-
« ront fournis par le bailleur : le preneur
« garnira ces derniers de buissons.

« ART. 13. Outre le privilége du bailleur
« sur les récoltes et fruits du domaine, le fer-
« mier affectera spécialement, par hypothèque,
« tous les biens immeubles qu'il possède sur
« le territoire de.....

« Art. 14. Indépendamment des clauses ci-
« dessus, le présent bail est, en outre, passé
« pour 3oo œufs de poules, 12 kilogr. de
« beurre frais et 6 poulets portables et déli-
« vrables chaque année au domicile du pre-
« neur, à sa première réquisition, le tout à
« titre de *drôlées* (pots de vin). »

BAIL À CHEPTEL.

« Le présent bail est fait sous les clauses
« suivantes :

« 1° De tenir tous les fossés bien récurés
« et en état propre à faciliter l'écoulement des
« eaux ;

« 2° De soigner les plantations que le pro-
« priétaire se réserve le droit de faire en ar-
« bres à son choix ;

« 3° De laisser, à l'expiration du bail, toutes
« les pailles des récoltes qui seront ensemen-
« cées sur les terres dont il s'agit et dont le
« tiers devra être, à la même époque, propre
« à être ensemencé l'année qui suivra ladite
« expiration ;

« 4° De ne point détourner le fumier ni
« les engrais qui devront être portés sur les-
« dites terres, et d'ensemencer en fourrages
« artificiels les terres qui lui appartiennent
« ou lui appartiendront en propre ;

« 5° De faire, au profit du propriétaire et
« à la volonté de ce dernier, trois journées de
« trouble ou labour, chaque jour de travail
« estimé 4 francs, sans que le preneur puisse
« se libérer autrement qu'en nature ;

« 6° De cultiver le tout en bon père de
« famille ;

« 7° De rendre, à la fin du bail, au pro-
« priétaire la somme de. . . ., qu'il reconnaît
« en avoir reçue pour lui tenir lieu de chep-
« tel, et la quantité de 15 doubles boisseaux
« de froment et 10 de seigle, qu'il déclare
« en avoir reçus pour semence, en belle et
« bonne qualité ;

« 8° De rendre, fin de bail, au proprié-
« taire 1100 kilogrammes de foin de prairies
« bon et recevable, plus, 900 kilogrammes de
« trèfle, qu'il déclare avoir reçus de ce der-
« nier à son entrée en bail ;

« 9° De planter le long de la pièce du. . . .,
« depuis tel endroit jusqu'à tel autre, des
« haies de mûriers, et de planter aussi de
« chaque côté de la même terre, et à la
« distance de 5 mètres 847 millimètres les
« uns des autres, un rang de mûriers ;

« Comme condition du présent bail, le pro-
« priétaire s'engage à relever et garantir le fer-
« mier de tous empêchements et troubles qui
« pourraient survenir dans sa jouissance, par
« quelque cause que ce soit, prévue ou im-
« prévue. Le payement sera effectué le 24 dé-
« cembre de chaque année. Il est expressé-
« ment convenu que le présent bail sera résilié
« de plein droit faute de payement, et d'après
« la formalité d'un simple commandement
« donné infructueusement trois mois après
« l'échéance d'un payement. En garantie de ses
« engagements, le preneur a spécialement
« hypothéqué tous les immeubles qu'il possède
« sur le territoire de . . . ., consistant en
« terres et bâtiments.

« Il est, en outre, convenu que le fermier
« donnera, à titre de *drôlées*, trois paires de
« poulets, qu'il s'oblige de livrer au bailleur
« et à domicile, chaque année et à la même

« époque que les payements ; les trois paires
« estimées 1 fr. 5o c. sans toutefois que le
« preneur puisse se libérer autrement qu'en
« nature. »

COMPOSITION DES EXPLOITATIONS RURALES.

Le nombre des bêtes de travail et de rente
diffère beaucoup dans les quatre arrondissements de l'Isère : dans la plupart des cas, il
est au-dessous des besoins de l'exploitation.
Les bêtes de rente, principalement, ne ré-
pondent nullement à l'étendue de la ferme ;
leur chiffre se ressent de la gêne du cultivateur.

ARRONDISSEMENT DE VIENNE.

Dans le canton de Meizieux, sur une exploitation de 4o hectares, on compte : 4 chevaux, 6 à 10 bêtes à cornes, y compris les

élèves. Pour 6o hectares, on a 6 chevaux, 8 à 12 bêtes à cornes, et, pendant l'hiver, un troupeau de 15o bêtes à laine, qui, l'été, s'élève à 2oo têtes.

A Bron, les petites exploitations de 3 hectares se cultivent avec 1 cheval et 2 vaches; les grandes fermes de 4o hectares marchent avec 8 chevaux, 12 vaches et un troupeau de 1oo moutons, proportion remarquable, qui n'empêche pas cependant les habitants de cette commune industrieuse d'acheter de la matière fécale à Lyon pour fumer leurs terres.

Dans le canton de la Verpillière, une ferme de 2o à 25 hectares nourrit 1 ou 2 chevaux, 3 ou 4 vaches et 1 ou 2 truies.

Dans celui de Saint-Symphorien, les plus grandes fermes, de 6o hectares, comprennent

4 à 5 chevaux, 8 ou 9 vaches et 1 porc; les
plus petites, de 10 hectares, se cultivent avec
2 chevaux, 3 ou 4 vaches et 1 porc.

Aux environs de Vienne, les grandes fermes
de 50 hectares, d'ailleurs très-rares, ont 6 chevaux, 10 bêtes à cornes en y comprenant le
taureau et les génisses, et 2 truies avec leurs
petits. Pour 15 hectares, on a 4 chevaux ou
4 bœufs, 3 ou 4 vaches, autant de génisses
et 1 truie.

A la côte Saint-André, une ferme de 25
hectares renferme 4 chevaux ou 6 bœufs de
labour, 3 ou 4 vaches, 1 ou 2 truies, et souvent aussi 1 ou 2 chèvres.

ARRONDISSEMENT DE LA TOUR-DU-PIN.

A Pontcherry, les fermes de 40 hectares
comptent 4 chevaux, 6 vaches, quelques

veaux ou génisses, 2 truies et leurs petits, ainsi qu'un lot de 5o à 6o moutons. Pour 6o hectares, on a 6 chevaux, 6 vaches, 3 à 4 élèves, 1 jument poulinière et 1oo moutons.

Dans la commune de Les Avesnières, sur les limites de la Savoie, les fermes de 15 hectares tiennent 6 vaches et 3 ou 4 chevaux.

A Morestel, quelques grandes fermes de 6o hectares ont 6 chevaux, 2o vaches, 1o veaux, 6o à 8o moutons et 5 ou 6 porcs. Dans la moyenne des exploitations comprenant 7 à 8 hectares, les cultivateurs ont 2 chevaux, 3 ou 4 vaches et 2 truies portières.

Dans le canton de Crémieux, les fermes de 25 hectares nourrissent 3 ou 4 chevaux, ou 6 bœufs, 8 à 1o vaches, 2 truies avec leurs petits ; beaucoup de cultivateurs tiennent en outre momentanément un lot de moutons, qu'ils engraissent dans les chaumes.

Dans le canton de Bourgoin, pour 25 hectares, on a 4 chevaux, 6 vaches, des élèves, 2 truies ou un lot de moutons, rarement l'un et l'autre de ces animaux à la fois.

A Virieu et au Pont-de-Beauvoisin, une ferme de 20 à 25 hectares comprend 4 chevaux, ou 4 bœufs et 1 cheval, 6 à 8 vaches et 50 à 80 moutons.

ARRONDISSEMENT DE SAINT-MARCELLIN.

Dans les plus grandes fermes, composées de 40 hectares, on trouve 8 ou 10 mules ou chevaux, deux vaches et 1 ou 2 chèvres. Dans la plupart des autres exploitations dont l'étendue n'excède pas 12 à 15 hectares, on a 2 bœufs, 1 mule ou 1 cheval, quelques

4.

élèves, si l'exploitation a des ressources en fourrage, et 1 chèvre.

A Iseron, pays de très-petite culture, les plus grandes exploitations n'excèdent pas 10 à 12 hectares; on n'y trouve que 2 bœufs et 1 vache pendant l'hiver; l'été, on ne garde qu'une seule paire de bœufs pour labourer.

A Roybon, les plus fortes cultures, de 20 à 25 hectares, comprennent 4 bœufs et 2 vaches, 2 porcs et 1 chèvre.

A Tullins, les fermes, divisées en cultures de 10 à 12 hectares, renferment, en général, 2 paires de bœufs, 6 vaches et 1 ou 2 porcs.

ARRONDISSEMENT DE GRENOBLE.

Dans la vallée de Grésivaudan, on ne compte qu'un très-petit nombre de fermes de 100 hectares ; elles nourrissent 8 à 10 bœufs, 8 vaches de travail, et 20 à 25 bêtes à cornes de rente, tant adultes qu'élèves. Ces dernières ne séjournent qu'une partie de l'année sur l'exploitation ; elles partent pour la montagne vers le 15 juin, et n'en descendent qu'à la fin de septembre. Pendant toute la belle saison, la ferme ne conserve que 8 ou 10 bêtes à cornes pour la culture des terres et le service des transports.

Dans la montagne, les exploitations sont très-restreintes. On pourvoit aux besoins de la terre et aux exigences de la ferme à l'aide d'un petit nombre de bêtes à cornes; l'hiver on y ajoute ordinairement un lot de moutons dont le nombre suit l'abondance ou la pénurie des fourrages. A Urriage, les grandes fermes, composées de 30 hectares environ, tiennent 20 à 25 bêtes à cornes, 1 âne, 1 cheval et une quarantaine de moutons pendant l'hiver.

C'est dans l'arrondissement de Grenoble, le mieux cultivé et le plus riche de tout le département, qu'on trouve la plus forte quantité de bétail de rente, relativement à l'étendue des exploitations; cette heureuse proportion s'explique par les ressources que présentent les pâturages de la montagne; chaque tête de bétail peut s'y nourrir pendant quatre mois de l'année, moyennant une redevance de cinq à huit francs, exigée du propriétaire.

CONSTRUCTIONS RURALES.

La plupart des fermes, dans le département de l'Isère, sont groupées les unes près des autres et présentent l'aspect de villages; un grand nombre s'étendent le long des routes, d'autres sont éparses dans l'intérieur des terres; celles situées sur les coteaux et dans

la montagne sont souvent isolées de toute
habitation.

Les bâtiments, construits généralement en
pisé et en bois, tantôt sont recouverts en
tuiles, tantôt en pierres plates grossièrement
superposées les unes sur les autres, tantôt,
encore, ils n'ont que du chaume pour couverture : le nombre de ces dernières toitures
a sensiblement diminué dans la majorité des
cantons ; les couvertures en tuiles, pour la
plaine ; les pierres plates, pour la montagne,
tendent à remplacer le chaume.

La forme régulière est rarement observée
dans les constructions rurales ; presque toutes
offrent, dans l'intérieur de leur périmètre,
un espace vide qui sert de cour ; les bâtiments sont distribués de chaque côté de l'habitation principale, mais sans former une
enceinte continue. Le cultivateur couche gé-

néralement au rez-de-chaussée, soit dans une
alcove faisant partie de la cuisine même, soit
dans une chambre attenante à cette pièce; au-
dessus de ce corps de logis, sont les greniers
destinés à recevoir les récoltes de céréales.
Vis-à-vis de l'habitation principale, s'élèvent
la bergerie, l'écurie et l'étable, dont la partie
supérieure sert à loger les fourrages; ceux-
ci ne sont séparés du local destiné aux animaux que par de simples perches; dans quelques fermes bien tenues, cependant, le plancher du fenil est formé de planches bien
jointes.

Cette disposition générale des bâtiments
varie dans quelques cantons. Ainsi, les constructions rurales s'étendent souvent sur une
seule ligne horizontale; l'étable, les écuries
sont, parfois, placées de chaque côté de la
grange; l'habitation principale occupe le centre ou se trouve séparée des autres bâtiments;

chez beaucoup de cultivateurs, le four est contigu à la bergerie et à l'étable, disposition vicieuse qui rend les incendies plus fréquents et plus dangereux : le four devrait toujours dépendre de la cuisine et faire partie de la maison principale, ou, du moins, être isolé de tout contact avec des matières inflammables.

USAGES NUISIBLES À L'AGRICULTURE.

BIENS COMMUNAUX.

L'usage des biens communaux ne pèse pas généralement d'une manière fâcheuse sur l'agriculture de l'Isère; il est même certaines localités, dans la montagne, où il présente de véritables ressources. Les communes et les hospices, propriétaires des herbages alpestres, les louent aux pasteurs de la Provence et retirent ainsi un revenu annuel de

terrains essentiellement propres à ce genre
de produits et qui seraient bientôt dénatu-
rés, s'ils venaient à tomber dans l'exploitation
privée, toujours disposée à sacrifier les ressources de l'avenir à une jouissance actuelle.

Dans la plupart des localités, les populations ont eu le bon sens de comprendre qu'en
réalité personne ne profitait de ce qui appar-
tenait à tous, et que les biens qui n'avaient
pas de maître souffraient de l'incurie qui s'attache ordinairement aux choses auxquelles
on est individuellement étranger. Les biens
communaux ont donc été partagés, pour la
plupart. Dans certains cantons de l'arrondissement de Vienne, ils sont affermés, aux en-
chères, pour une durée de trois, six ou neuf
ans ; plusieurs communes y font paître leurs
troupeaux.

Une partie de l'arrondissement de la Tour-

du-Pin jouit en nature de ses communaux;
l'autre se les est partagés ou bien les afferme
aux habitants du pays.

Dans l'arrondissement de St-Marcellin, une
partie des communaux existent sous la forme
d'une jouissance commune à tout un canton ;
le reste est donné à bail, pour trois, six ou
neuf années.

Dans l'arrondissement de Grenoble, les
communaux se trouvent principalement dans
la montagne ; quelquefois on les afferme à
un seul individu, qui en tire alors parti en
se faisant payer de 5 à 8 francs par tête de
gros bétail que les propriétaires y envoient
pour passer la belle saison ; le plus souvent,
cependant, les habitants jouissent librement
de leurs propriétés communales : le nombre
de bêtes qu'on a le droit d'y nourrir, depuis
le 15 juin jusqu'à la fin de septembre, est

calculé d'après l'étendue de terrain que chaque individu possède en propre.

PARCOURS.

Le parcours, usité dans une foule de cantons, a disparu de certaines communes; on
s'y est entendu pour supprimer cette servi-
tude, l'un des plus grands obstacles aux progrès de l'agriculture, dans la majeure partie
de nos départements. Là où il est encore
maintenu, les champs sont livrés aux troupeaux presque immédiatement après l'enlèvement de la récolte. On remarque que partout où la jachère a été abandonnée, le parcours a sensiblement diminué, et le nombre
des bestiaux, loin de décroître, a augmenté
dans une notable proportion.

GLANAGE.

Tous les arrondissements du département de l'Isère sont soumis au glanage ; cette coutume s'exerce de la manière suivante : les femmes les vieillards et les enfants auxquels les débris de la moisson devraient être réservés, à l'exclusion des hommes faits, ne peuvent entrer dans le champ que depuis le lever jusqu'au coucher du soleil, sous la surveillance du garde-champêtre, et seulement lorsque la récolte a été enlevée. Quelques personnes, cependant, permettent de glaner avant que toutes les gerbes aient été chargées sur les voitures ; cette tolérance est souvent l'origine des soustractions qui se commettent au préjudice des propriétaires.

DE LA POPULATION OUVRIÈRE.

On peut partager en trois classes les ouvriers attachés au service des exploitations rurales dans le département de l'Isère :

1° Ouvriers travaillant à l'année;
2° Ouvriers travaillant à la tâche;
3° Ouvriers travaillant à la journée.

§ I. OUVRIERS TRAVAILLANT À L'ANNÉE.

Cette catégorie comprend le maître charretier, le second charretier, le touchon, les servantes de basse-cour et le berger : les gages varient suivant les arrondissements et les conditions imposées par le cultivateur.

ARRONDISSEMENT DE VIENNE.

Dans le canton de Meizieux, le maître-charretier reçoit depuis 180 francs jusqu'à 210 francs; ces gages sont aussi ceux de l'ouvrier chargé de bêcher le jardin, de semer et de *lever* les fumiers; ce dernier se nomme *valet-d'œuvre*. Le second charretier reçoit 150 francs ainsi que le touchon et la servante de basse-cour; celle-ci, dans les fermes importantes, est souvent aidée par une petite servante à laquelle on donne de 90 à 100 fr. Le salaire du berger s'élève de 200 à 250 fr. il reçoit, en outre, sa nourriture ainsi que celle de ses chiens.

Dans le canton d'Heyrieux, le maître-charretier reçoit de 150 à 200 francs; le touchon et la servante ont chacun 100 francs pour salaire.

Dans le canton de Saint-Symphorien, les grands cultivateurs payent ainsi leurs ouvriers à l'année : le maître-charretier, 3oo francs; le second charretier, depuis 2oo jusqu'à 25o francs; le touchon, 15o francs; les servantes, de 15o à 2oo francs.

A la Côte-Saint-André, dans une ferme de 25 hectares, on donne à chacun des deux charretiers 15o francs; au touchon et à la servante, 9o francs.

ARRONDISSEMENT DE LA TOUR-DU-PIN.

Dans le canton de Crémieux, il est d'usage de payer 2oo francs au maître-charretier, 1oo francs au touchon, 12o à la fille de basse-cour, qui reçoit en outre deux chemises, deux tabliers, un bonnet et une paire de galoches ; ces différents objets élèvent ses gages à 15o francs. Le berger a droit à 15o francs de salaire ; on lui fournit sa nourriture, ainsi que celle de son chien.

Dans les grandes fermes du canton de Morestel, le maître charretier est payé sur le pied de 150 francs, le touchon sur celui de 110 francs; le bouvier reçoit 140 francs; les filles de basse-cour ont depuis 60 francs jusqu'à 100 francs; on leur fournit, en outre, un habillement complet.

Dans le canton de Bourgoin, le prix des salaires est ainsi réparti : le maître-charretier, de 150 à 160 francs; le bouvier, 150 à 160 francs; le touchon, 100 francs; la servante, 100 francs.

ARRONDISSEMENT DE SAINT-MARCELLIN.

Dans les plus fortes exploitations, comprenant 20 à 25 hectares, les ouvriers à l'année reçoivent de 150 à 170 francs; les femmes ont de 100 à 120 francs.

ARRONDISSEMENT DE GRENOBLE.

Dans les fermes d'une certaine étendue, on donne de 120 à 150 francs au maître-charretier, 90 francs au carton ainsi qu'aux filles de basse-cour.

Dans la plupart des cantons du département, les ouvriers à l'année sont nourris aux frais du cultivateur ; les repas offrent une grande ressemblance. Dans presque toutes les localités on fait quatre repas depuis le commencement d'avril jusqu'à la fin de septembre, et trois seulement pendant l'automne et l'hiver. Le matin, les ouvriers mangent une soupe qui est faite avec des légumes et du lait; ils ont, en outre, un morceau de fromage. A dîner on leur donne des pommes de terre frites ou assaisonnées en ragoût, ou bien des œufs ou une omelette, ainsi que du fromage ; à goûter, ils ont du pain et du fromage ; le soir, ils reçoivent de la soupe, ou de la salade et du fromage. A l'époque de la moisson, quelques cultivateurs donnent, deux fois par jour, du vin à leurs ouvriers ; dans la plupart des fermes, ceux-ci n'en ont qu'une seule fois. Dans quelques fermes, les ouvriers mangent deux fois par semaine, le jeudi et le dimanche, du salé à leur dîner ; l'observance des jours maigres est généralement pratiquée dans le département.

Les charretiers sont, en général, chargés du soin des chevaux ; ils font les labours, conduisent les engrais sur les champs, transportent les grains au marché et exécutent les charrois de toute espèce ; quelques-uns font aussi les semailles. Là où l'on se sert de bœufs au lieu de chevaux, c'est un bouvier qui est spécialement tenu d'en prendre soin.

Le touchon, dans beaucoup de fermes, est une espèce de factotum qui remplace les ouvriers qui viennent à manquer. Il conduit la charrue, transporte les fumiers ; quelquefois aussi il garde les vaches et même les brebis aux champs pendant l'hiver.

Le berger, quand il existe spécialement, est uniquement chargé du troupeau de bêtes à laine ; il conduit les animaux au pâturage, les soigne pendant leurs maladies, et demeure ordinairement chargé de l'engraissement.

Les filles de basse-cour sont affectées aux besoins intérieurs de la ferme et particulièrement au service de la maison d'habitation ; elles traient les vaches, préparent les repas, font le fromage et s'occupent de tous les détails qui concernent une ménagère.

§ II. OUVRIERS TRAVAILLANT À LA TÂCHE.

La seconde classe des ouvriers agricoles dans le département comprend :

Les faucheurs,
Les moissonneurs,
Et les batteurs.

ARRONDISSEMENT DE VIENNE.

Les faucheurs et les moissonneurs, dans le canton de Meizieux, sont payés à la tâche sur le pied de 1 franc 25 cent. les 20 ares ; ils se nourrissent à leurs frais. Les moissonneurs dans plusieurs localités, comme à Genas, reçoivent la 10ᵉ gerbe (paille et grains compris); dans les années ordinaires il faut 14 gerbes pour 35 litres de grains. D'autres communes suivent un usage différent : les moissonneurs ne prennent que la 11ᵉ gerbe ; pour battre, ils reçoivent la 10ᵉ gerbe ; nul n'est nourri au compte du cultivateur.

Dans le canton de Saint-Symphorien, les uns font moissonner à la gerbe; dans ce cas, l'ouvrier a droit à 4 gerbes sur 22 ; les batteurs reçoivent la 10ᵉ. Ceux qui exécutent à la fois et les travaux de la moisson et ceux du battage *lèvent* un peu moins que le 6ᵉ de la récolte : on estime, dans le pays, qu'ils ont ainsi une récolte complète tous les cinq ans. Ceux qui fauchent les foins reçoivent 6 francs par hectare et 6 litres de vin.

A Vienne, les moissonneurs et les batteurs ont le 6ᵉ des grains; les batteurs sont obligés

de fournir gratuitement 5 ou 6 journées pour
faucher les foins ; ils sont nourris.

A Saint-Jean-de-Bournay, les moissonneurs
et les batteurs ont droit au 5ᵉ des grains, mais
sans la paille ; ils ne sont nourris que lorsqu'ils fauchent les foins ; cette tâche est à la
charge des batteurs, qui doivent l'exécuter
gratuitement.

ARRONDISSEMENT DE LA TOUR-DU-PIN.

Dans le canton de Crémieux, les moissonneurs et les batteurs prélèvent la 11ᵉ gerbe
(paille et grains) ; il faut six gerbes, année
commune, pour faire un décalitre de grains ;
ces derniers sont généralement tenus de faucher gratuitement les foins. Dans les communes où cette obligation n'est point à leur
charge, ils ont de 1 franc à 1 franc 25 cent.
par jour de fauchage, sans la nourriture.

Dans la commune de Les Avesnières, les uns donnent le 9ᵉ, les autres le 10ᵉ pour moissonner et battre ; les ouvriers ne sont nourris que lorsqu'ils fauchent les foins, travail qu'ils sont obligés d'accomplir gratuitement, ainsi que le binage des haricots, des pommes de terre et du maïs. A Morestel, les moissonneurs lèvent la 10ᵉ gerbe dans les champs et les batteurs la 10ᵉ gerbe dans la grange. Les prés sont fauchés gratuitement.

Cantons de Bourgoin et de la Tour-du-Pin. Dans la plaine les moissonneurs et les batteurs ont le 6ᵉ; ils doivent, en outre, faire les clôtures et fournir différentes journées de fauchage. Sur les coteaux on traite à forfait. Pour les travaux seuls de la moisson, les femmes reçoivent communément de 10 à 12 boisseaux de grains partagés ainsi qu'il suit : 1/3 en froment, 1/3 en orge, 1/3 en seigle ; chaque boisseau représente 25 litres ; les

hommes reçoivent 18 boisseaux de grains
divisés également par 1/3 : froment, orge et
seigle, mais ces derniers sont chargés de faucher gratuitement les prés naturels ; le fauchage des prairies artificielles est au compte
du cultivateur.

Aux Abrets et au Pont-de-Beauvoisin, on
donne, tantôt le 11ᵉ, tantôt le 12ᵉ en grains ;
la paille est réservée. Les *tâchéicurs*, c'est-à-
dire les ouvriers qui se chargent de battre et
de faucher, ont le 6ᵉ du grain, mais ils ne
sont pas nourris ; certains cultivateurs ont
adopté ce mode comme plus économique.

ARRONDISSEMENT DE SAINT-MARCELLIN.

Dans cette partie du département, les travaux de la moisson et du battage s'exécutent
généralement par des ouvriers appelés *dix-*
miers, qui prélèvent, les uns la neuvième, les

autres la dixième gerbe ; il est bon de re-
marquer toutefois, que le battage n'est payé
sur ce pied que dans les exploitations d'une
certaine importance ; dans les petites fermes,
chacun bat pour son compte avec les gens
mêmes de l'exploitation.

ARRONDISSEMENT DE GRENOBLE.

Dans les grandes fermes, on donne le cinquième pour moissonner et battre. La plupart
des fermiers de cet arrondissement payent en
nature. Quelques-uns donnent le sixième aux
moissonneurs, **qui** sont également chargés des
travaux du battage ; ceux qui ne font que
battre, reçoivent le douzième. Beaucoup de
petits propriétaires et de cultivateurs exécutent eux-mêmes les travaux de la moisson et
du battage ; ils se font alors aider par leurs
domestiques et leur famille.

§ III. OUVRIERS TRAVAILLANT À LA JOURNÉE.

ARRONDISSEMENT DE VIENNE.

Dans le canton de Meizieux, les journaliers ont 1 fr. 50 c. avec leur nourriture ; quand ils ne sont pas nourris on leur donne 75 c. en sus.

Dans le canton de Saint-Symphorien, leur salaire est de 1 fr. pour toute l'année, quand on les nourrit, et de 2 francs par jour sans la nourriture.

A Vienne, les journaliers ont 1 fr. 50 c. l'hiver, et 2 francs l'été ; ils ne sont pas nourris.

A Saint-Jean-de-Bournay, ils ont 1 fr. 50 c.

l'été; 1 fr. 25 c. l'hiver, et un litre de vin en tout temps.

A la côte Saint-André, on donne 2 francs et deux litres de vin par jour pour le fauchage des prés.

ARRONDISSEMENT DE LA TOUR-DU-PIN.

Dans la commune de Les Avesnières, les journaliers qui moissonnent ont 2 francs par jour; dans le canton de Morestel, on leur donne 1 fr. 25 c. l'été, et 1 franc l'hiver; ils ne sont pas nourris. Dans celui de Crémieux ils reçoivent 1 fr. 50 c. l'été, et 1 fr. 25 c. l'hiver. Dans les cantons de Bourgoin et de la Tour-du-Pin, les cultivateurs de la plaine payent leurs journaliers sur le pied de 1 fr. 25 c. l'hiver, et de 1 fr. 50 c. l'été. Sur les coteaux, les ouvriers ont 25 c. de moins à chaque sai-

'son ; les femmes reçoivent de 75 à 90 c. nul
n'est nourri.

ARRONDISSEMENT DE SAINT-MARCELLIN.

Dans l'arrondissement de Saint-Marcellin,
les journaliers ont 75 c. et sont nourris ; les
femmes reçoivent de 50 à 60 c. Dans plusieurs
communes on donne 1 franc aux hommes et
75 c. aux femmes pendant la belle saison ;
les moissonneurs, batteurs et faucheurs à la
journée sont payés sur le pied de 1 franc.

ARRONDISSEMENT DE GRENOBLE.

Enfin, dans l'arrondissement de Grenoble,
les moissonneurs, batteurs et faucheurs employés à la journée, ont 1 fr. avec la nourriture, et 2 francs sans être nourris. Les femmes
reçoivent de même 50 cent. ou 1 franc, selon
qu'elles sont ou ne sont pas nourries aux frais

du cultivateur. Dans plusieurs cantons, le prix de la journée est ainsi modifié : moissonneurs, 1 fr. 50 cent. faucheurs, 2 francs ; les femmes ont de 1 fr. à 1 franc 25 centimes. Dans beaucoup de fermes les journaliers reçoivent 1 fr. avec la nourriture, et 1 franc 75 centimes sans la nourriture, pendant l'été, et 1 franc 50 ou 75 centimes seulement, pendant l'hiver.

Dans la montagne, les journaliers qui sont nourris reçoivent 75 centimes, ou 1 franc 50 centimes, sans la nourriture ; les femmes ont 1 franc ou 50 centimes, suivant qu'elles sont ou ne sont pas nourries.

INSTRUMENTS ARATOIRES.

Les principaux instruments aratoires usités dans le département de l'Isère sont : la charrue, la herse, le rouleau et l'extirpateur.

CHARRUE.

On emploie trois sortes de charrues dans
l'Isère : 1° l'araire proprement dit, qui ne fait
qu'écroûter le sol, et ressemble en tout à celui
dont on se sert en Provence ; 2° la charrue à
avant-train, particulièrement employée dans
les localités montagneuses de l'arrondissement de Grenoble, et qui fait d'excellents labours dans les terrains en pente ; 3° la charrue
perfectionnée, appelée, dans plusieurs cantons, *charrue belge*, et qui n'est autre qu'une
modification de cet excellent instrument, et se
rapproche beaucoup du *coutrié de Montélimar*.
Voici sa description abrégée :

Le sep, en fer, a 80 centimètres de longueur, l'âge est cintré, sa longueur varie
entre 1 mètre 62 centimètres et 1 mètre
78 centimètres ; lorsqu'on adapte un avant-

train à la charrue, au lieu de la roulette, qui l'accompagne ordinairement, l'âge est moins cintré et a près de 2 mètres de longueur. Cette pièce est plus ou moins forte , selon qu'elle est destinée à une charrue à 2 ou à 4 chevaux; elle est fixée au sep au moyen d'une charpe en fer qui l'embrasse dans une grande partie de sa longueur; cette charpe tient au sep au moyen d'un boulon qui le traverse et qui sert d'épieu à l'âge, de manière qu'à l'aide de la vis d'appel, on peut, à volonté, lever et baisser l'âge pour fixer l'entrure.

L'étançon de devant est en fer; sa partie inférieure forme une fourche qui traverse le sep, où il est fixé par un clou à rivet. Cet étançon a , dans le milieu de sa hauteur, trois ou quatre trous qui servent à y fixer le versoir au moyen d'un petit boulon. L'étançon est taraudé dans sa partie supérieure, et il traverse l'âge, sur lequel est fixée une boîte à écrou.

Les mancherons sont fixés dans la charpe d'un étançon au moyen de boulons et de liens en fer ; cet étançon est lui-même fixé au sep avec des boulons. Sur le sep, et entre les mancherons et l'âge, est fixée une douille qui reçoit le manche en bois du versoir ; pareille douille est attachée au versoir, qui reçoit l'autre extrémité du manche.

La lame du soc a 40 centimètres de longueur, et, à sa partie postérieure, une largeur de 24 centimètres.

Le versoir est en fer ; sa longueur, pour la grande charrue, est de 80 centimètres ; dans sa partie la plus large elle a 32 centimètres ; sa largeur, sur le derrière, est seulement de

27 centimètres ; la courbure du versoir est d'environ 10 centimètres.

HERSES.

On se sert de deux sortes de herses dans le département, suivant que l'on agit sur des terres fortes ou des terres légères ; toutes deux sont triangulaires. La petite herse ne compte que 24 dents, la grande herse en a de 50 à 60 ; les dents sont en fer. On emploie ces instruments, soit pour enfouir les grains, soit pour ameublir le sol ; on y attelle presque toujours deux chevaux.

ROULEAU.

Les rouleaux les plus répandus dans l'Isère sont des rouleaux en bois ; les rouleaux en pierre se trouvent plutôt chez les propriétaires que chez les simples cultivateurs. Les rouleaux en bois ont, en général, 1 mètre 62 centimètres de longueur sur 45 centim. de diamètre ; ils sont formés d'une seule pièce. Le plus souvent ils sont simples ; quelquefois, néanmoins, ils sont accompagnés d'un châssis en bois. Les rouleaux en pierre n'ont que 1 mètre 29 centimètres de longueur sur 24 centimètres de diamètre.

Ces instruments sont trop peu employés dans le département, surtout dans l'arrondissement de Vienne et dans celui de la Tour-du-Pin ; ils produiraient de très-bons effets sur les terres légères de ces localités, si sujettes à souffrir de la sécheresse.

EXTIRPATEUR.

L'extirpateur est fort usité dans plusieurs localités pour enfouir les semailles d'automne. Il se compose de 11 dents en fer, légèrement inclinées en avant et placées sur deux rangs, 5 devant et 6 derrière ; on y attelle 4 chevaux ou 4 bœufs et 1 cheval.

M. Prunelle, à Saint-Clair (arrondissement de la Tour-du-Pin), fait usage d'un extirpateur qui nous a paru fort bien construit. Cet instrument a 7 socs placés ainsi : 4 sur la traverse postérieure, 2 sur la traverse antérieure et 1 soc unique sur un montant au-dessous de l'âge, à quelques millimètres en avant de la seconde traverse. Les socs ont 2 ailes repliées en arrière, présentant une arête dans leur partie médiane ; ils sont légèrement courbés en avant ; les boulons sont en fer ; on attelle ordinairement 4 bœufs à cet extirpateur.

Mais, de tous les instruments de ce genre employés dans l'Isère, le plus perfectionné est, sans contredit, celui que vient d'inventer

M. Didier-Bernard, près Grenoble. Son extir-
parteur est très-énergique; il fait l'office de
la herse Bataille, tout en exigeant moins de
tirage; les socs, en acier, sont accompagnés
de trois petits rouleaux qui complètent le
travail; il fonctionne très-bien dans une terre
argilo-sablonneuse.

Cet instrument, dont la bonté a été cons-
tatée par des expériences faites en présence
de la Société d'agriculture de Grenoble, mé-
riterait d'être adopté dans toutes les localités
du département; il est fâcheux que son prix
s'élève à 200 fr.

DESSÉCHEMENT.

Il n'y a eu qu'un seul grand desséchement
dans le département de l'Isère, c'est celui des
marais de Bourgoin.

Ces marais n'offraient autrefois qu'un mauvais pâturage aux troupeaux des communes environnantes. Les eaux de la Bourbre, n'étant point encaissées, sortaient de leur lit et transformaient ces terrains en un véritable lac. Pendant l'été, les eaux débordées s'évaporaient ou s'infiltraient en terre; la sécheresse faisait ensuite crevasser le sol; les matières végétales entraient en fermentation, et il se dégageait du sol des miasmes qui occasionnaient des fièvres endémiques.

Louis XIV, voulant récompenser les services du maréchal de Turenne, lui fit don des marais de Bourgoin, sous la condition d'en opérer le desséchement. Turenne traita avec une compagnie hollandaise; celle-ci mit la main à l'œuvre, mais elle fut contrariée par les riverains, qui, se rassemblant la nuit, détruisaient les travaux commencés pendant le jour.

En 1766, la maison de Bouillon, héritière
de Turenne, chercha à tirer parti de cette
concession; une nouvelle compagnie se forma
sous ses auspices, et l'on songea sérieusement
à rendre ces terrains à la culture. L'ingénieur
Saint-Victor s'occupa d'abord de lever le plan
des marais; il entreprit ensuite le nivellement
du terrain, conçut le projet d'établir un canal
qui servirait de décharge aux eaux pour les
porter en même temps dans le Rhône, et
relier ainsi la ville de Bourgoin à celle de
Lyon. Les plans approuvés, les dispositions
prises pour en assurer le succès, on allait sérieusement s'en occuper, lorsque la mort de
quelques personnes intéressées dans l'entre-
prise en ajourna l'exécution. La révolution
de 89 éclata sur ces entrefaites; cartes, devis
et plans furent remis à l'un des comités de
la convention, et l'on n'en entendit plus
parler.

Dans ces derniers temps, la compagnie Bimard offrit d'entreprendre, à ses risques et périls, le desséchement des marais de Bourgoin, moyennant la propriété du tiers des terrains comme indemnité. On accepta ses offres : les travaux furent en effet exécutés; mais souvent la compagnie eut à se plaindre des entrepreneurs, aussi se décida-t-elle à vendre tous ses droits à un sieur Jourdan; ce dernier a mis en vente et par lots plusieurs parties des marais, et a retiré de grands bénéfices de cette spéculation.

D'après les conventions arrêtées, la compagnie Bimard devait donner en hypothèque les francs-bords des canaux pour répondre de l'exécution de ses engagements, et, en cas d'insuffisance, on pouvait exiger d'elle d'autres garanties. Les formalités voulues à cet égard furent négligées, tout recours fut désormais inutile pour l'obliger à remplir les conditions du programme auquel elle avait consenti librement.

Les trente-six communes intéressées au desséchement des marais sont représentées aujourd'hui par un syndicat, dont elles nomment elles-mêmes les membres ; mais, jusqu'ici, leurs efforts pour amener le desséchement complet des marais ont échoué contre les obstacles qu'elles ont rencontrés ; il serait urgent, cependant, de prendre des mesures pour assurer l'achèvement des travaux de la compagnie, si l'on veut prévenir les maux qu'une incurie prolongée doit nécessairement occasionner. La première de toutes les opérations serait de faire recreuser les canaux ; dans leur état actuel, ils sont exposés à déborder à la moindre inondation ; d'ailleurs, les infiltrations incessantes des eaux nuisent aux récoltes. Une mesure non moins importante, selon nous, serait de prohiber l'extraction de la tourbe tant que le desséchement ne sera pas achevé, et que les canaux n'auront pas été débarrassés de la vase qui les encombre. Dans plusieurs localités du canton de Bourgoin, et notamment dans les communes de la Verpillière, de Jailloux et de Saint-Quentin, on a exploité cette richesse végétale d'une manière tout à fait fâcheuse pour l'agriculture : des terrains qui ne demandaient qu'un traitement et une culture réfléchis pour produire d'abondantes récoltes ont été convertis en marais ou, tout au moins, en flaques d'eau stagnante. La salubrité du pays et l'opération générale du desséchement souffriront certainement de ces abus, si l'on ne s'empresse d'y porter remède ; ils réclament la vigilance des autorités.

DES ENGRAIS.

Les engrais que l'on emploie dans le département de l'Isère sont de plusieurs sortes. Les uns sont fournis directement par la ferme, tels sont les fumiers d'étable, le parcage, la colombine; les autres, comme la suie, les cendres, les composts, les urines, la matière fécale, constituent des ressources secondaires dont le cultivateur ne peut profiter que dans certaines circonstances spéciales, encore n'en fait-il un grand usage que dans les environs des villes, qui lui fournissent la plupart de ces matériaux. Les fumures vertes sont connues dans tout le département, mais un petit nombre seulement de localités en engraisse la terre.

FUMIER D'ÉTABLE.

La préparation du fumier d'étable est à peu près la même dans tout le département; les cultivateurs y attachent la plus grande importance, et, à l'exception d'un petit nombre de communes, leurs méthodes méritent d'être citées comme modèles. La litière se compose généralement de paille de blé, de seigle, d'orge ou d'avoine ; dans beaucoup de localités, on emploie aussi à cet usage le buis, la bruyère et les feuilles d'arbres ; ces substances suppléent à la rareté de la paille, notamment dans les endroits montagneux. La durée du temps pendant lequel on laisse la litière séjourner sous les animaux, varie selon les arrondissements.

Dans le canton de Meizieux, c'est un usage très-répandu, d'étendre de la litière dans la cour de la ferme, depuis le mois de novembre jusqu'au mois d'avril ; sur cette première couche, on porte le fumier de l'étable, on ajoute ensuite un nouveau lit de paille, puis du fumier, et ainsi de suite. L'hiver, le fumier reste pendant une quinzaine de jours sous les animaux ; l'été, on vide les étables tous les

huit jours ; le fumier de mouton, seul, reste
pendant un mois dans la bergerie.

Dans le canton de Saint-Symphorien, la coutume est de laisser le fumier pendant quinze
jours sous les animaux ; quelques cultivateurs, cependant, l'y laissent pendant trois
semaines, en prenant le soin de forcer un
peu la dose de litière vers la dernière semaine.

M. Courty fils, ancien élève de Grignon,
aussitôt après avoir vidé ses étables, dispose
ses fumiers en carrés longs de 1 mètre à 1
mètre 29 centimètres de hauteur ; il les abrite
sous des hangars, et les emploie lorsqu'ils ont
fermenté ainsi pendant trois semaines. Autant que possible, il les étend aussitôt qu'ils
sont conduits sur les terres. D'après sa pratique, le fumier qui a séjourné pendant
trois semaines sous le hangar, produit plus

d'effet que celui qui n'y est resté que quinze jours.

Dans le canton de Vienne, les uns mettent le fumier en tas dans la cour de la ferme, les autres le placent sous des hangars ; quelques-uns le mêlent par couches alternatives avec de la paille qui n'a point servi de litière ; on n'arrose jamais les fumiers.

Dans le canton de Saint-Jean-de-Bournay la plupart des cultivateurs se contentent de tirer le fumier de l'étable et de le dresser en tas au milieu de la cour ; aussi brûle-t-il souvent. Quelques propriétaires commencent à faire construire des hangars pour loger leurs fumiers : le purin se perd, faute de soins, dans beaucoup de fermes de ce canton.

A la Côte-Saint-André, d'excellents cultivateurs disposent leurs fumiers par couches

alternatives de terre et de litière animalisée ;
ils les placent sous des hangars où ils restent
depuis 6 semaines jusqu'à 3 et 4 mois. Autant que faire se peut, on applique ce fumier
de préférence aux terres argileuses ; les fumiers purs sont mis en couverture sur les
terres légères. Les tas placés sous les hangars
ont environ 1 mètre 29 centimètres de hauteur, sur 2 mètres de largeur.

Dans le canton de Crémieux (arrondissement de la Tour-du-Pin), les uns étendent un
lit de paille par toute la cour et y répandent
le fumier ; celui-ci est recouvert d'une seconde
couche de paille, sur laquelle on ajoute de
nouveau du fumier, et ainsi de suite. Par ce
moyen on obtient une plus grande masse
d'engrais, seulement, il est d'une qualité fort
inférieure à celui qu'on a préparé de la même
sorte, mais qu'on a eu soin de dresser en tas
de 2 mètres à 2 mètres 27 centimètres de

hauteur, et dans lesquels la fermentation s'est opérée uniformément, sans être, en outre, exposés à être lessivés par les pluies. Le fumier est retiré, en général, tous les huit jours de l'étable; on l'emploie très-consommé : le sol extrêmement léger de ce canton justifie cette pratique.

Dans le canton de Morestel, on préfère le fumier à moitié consommé. Les étables sont nettoyées deux fois par semaine; les fumiers sont dressés en tas de 1 mètre 29 centim. environ de hauteur, et portés sur les terres après un mois de séjour dans la cour. Quelques propriétaires les arrosent dans les grandes chaleurs.

Dans le canton de Bourgoin, on mélange généralement les fumiers des bêtes à cornes et des chevaux. Les tas restent dressés dans la cour pendant un temps plus ou moins long. M. Giraud, fort habile cultivateur de ce pays, pense que le fumier de vache peut être employé sans nul inconvénient au sortir même de l'étable : d'après ses expériences, il produit autant d'effet en cet état que lorsqu'il a déjà fermenté; pour le fumier de cheval, au contraire, il a reconnu qu'il perd une partie de son effet s'il n'a subi une fermentation de quinze jours avant d'être mis en terre.

Dans le reste de l'arrondissement, à part quelques exceptions, les fumiers obtenus pendant la morte saison restent quatre ou cinq mois entassés dans la cour de la ferme; on ne les emploie qu'au moment des semailles du printemps. La plupart des cultivateurs de cette contrée estiment, comme le meilleur, le fumier le plus consommé, c'est-à-dire qui approche le plus de l'état du terreau. C'est en ce sens qu'ils disent : « *Le peu* de celui-ci vaut *le beaucoup* de l'autre; » assertion très-contestable, surtout quand il s'agit de terres argileuses. Dans tous les cas, la décomposition extrême du fumier entraîne avec elle une telle perte d'engrais, qu'on ne doit conseiller cette pratique que là où l'on peut se procurer autant de fumier qu'on le désire ; circonstance fort rare dans tous les pays, et, surtout, en France.

Dans l'arrondissement de Saint-Marcellin on préfère généralement le fumier à demi consommé. Les étables sont vidées, chez les uns, tous les quinze jours, chez les autres, à la fin de chaque semaine ; on met le fumier en tas dans les cours, et on le porte sur les champs après qu'il a fermenté pendant un temps plus ou moins long.

Dans le canton de Roybon, le fumier, fait avec des bruyères et des fougères, reste quinze jours sous le bétail ; après ce temps, les uns le tirent de l'étable pour le mettre en tas dans la cour pendant une semaine environ, et le conduire ensuite dans les champs, où on le dresse de nouveau en tas que l'on conserve pendant six semaines ou deux mois ; les autres transportent immédiatement le fumier sur les champs, dès qu'il a été extrait de l'étable, et attendent qu'il ait fermenté pendant deux mois, avant de l'employer ; on l'enterre aussitôt qu'il est épandu. Plusieurs cultivateurs éclairés dressent le fumier en tas d'un mètre cube de hauteur et le couvrent d'un lit de terre, afin d'empêcher l'évaporation des gaz fertilisants. Le fumier dont la paille a formé la litière est regardé partout comme bien supérieur à celui où la paille est remplacée par la bruyère et la fougère : ce dernier, toutes circonstances égales, est plus lent à se décomposer.

Dans l'arrondissement de Grenoble, le fumier est généralement mis en tas à la surface du sol; les tas varient de hauteur; les uns leur donnent un mètre d'élévation, les autres les maintiennent presque à fleur de terre, la plus grande partie de l'engrais remplissant l'excavation profonde qu'on a pratiquée, à cet effet, dans le milieu de la cour. Dans la montagne, on l'emploie ordinairement consommé; dans la vallée de Grésivaudan et les vallées adjacentes, on en fait usage aussitôt que les terres sont prêtes à le recevoir; on réserve le fumier long pour les sols qui ont besoin d'être ameublis et aérés, et le fumier court, pour les sols légers. La dose de la fumare varie suivant les récoltes; on regarde 120 mètres cubes de fumier ordinaire, peu décomposé, comme une forte fumare pour un hectare; il est rare qu'on lui applique cette quantité.

PARCAGE.

Le parcage n'est usité que dans un petit nombre de localités du département, la division des propriétés ne permettant, à chaque particulier, de tenir qu'un petit nombre de bêtes à laines, qu'on rencontre, d'ailleurs, dans peu de localités.

Les avis sont partagés sur les avantages de la pratique du parcage. Les uns prétendent qu'il y a moins de perte de principes fertilisants, quand on tient les bestiaux renfermés à l'étable, et que l'emploi de la litière ajoute singulièrement à la masse des engrais ; c'est pour cette raison que, dans le canton de Meizieux, plusieurs cultivateurs ont cessé de faire parquer leurs moutons, et les font rentrer, tous les soirs, à la bergerie. Les autres soutiennent que le parcage, loin d'occasion-

ner une déperdition d'engrais, lui donne
plus de qualité et en accroît encore la masse.
Ils fondent leur opinion sur ce fait, que l'extraction du fumier hors de l'étable, et son
amoncellement en tas dans la cour, favorisent
la fermentation et que, par suite, le fumier
dégage bien plus de vapeurs fertilisantes que
lorsque les déjections des animaux sont déposées sur le sol sans addition de litière et
sont enfouies immédiatement par le labour.
Quoi qu'il en soit, le parcage offre plusieurs
avantages importants dont on peut profiter
dans des circonstances particulières. Ainsi, il
améliore le sol par la chaleur propre des bêtes,
par les vapeurs qui émanent de leur corps,
ainsi que par les déjections qu'ils laissent
dans le champ. C'est un moyen puissant d'engrais pour la plupart des récoltes, et qui devient d'autant plus précieux, que les champs
sont plus éloignés de la ferme, d'un accès
plus difficile, ou qu'on manque davantage de

litière ; il active les semailles languissantes, opère un utile tassement sur les terres légères et laisse le sol dans un état de propreté remarquable. Les cultivateurs qui font parquer leurs bêtes à laine, dans le département de l'Isère, commencent le parcage avec le mois de mai, et le finissent en octobre. On donne, communément, un ou deux coups de parc par nuit.

COMPOSTS.

Les composts sont en usage dans tous les arrondissements, mais seulement chez un petit nombre de cultivateurs. Les composts les plus communs sont formés de couches alternatives de fumier et de terre ; on fait entrer aussi, dans les composts, non-seulement de la terre et de la chaux, ainsi que du fumier, mais encore plusieurs matériaux tels que des mauvaises herbes, des cendres, de

la boue, de la marne ; on recommande de mê-
ler complétement toutes ces substances, au
lieu de les disposer par couches, lorsqu'on
forme le tas ; la fermentation s'établit ainsi
plus promptement, et, plus on retourne la
masse, plus on met en mouvement les matières fermentescibles.

Dans le canton de St-Jean-de-Bournay, on
suit une méthode différente. Les composts
sont formés de couches alternatives de marne,
de fumier et de terre ; ils passent l'hiver en
tas ; au printemps, on brasse le tout à plusieurs reprises, et on le conduit, peu de
temps après, sur les terres. On calcule qu'il
faut de 80 à 100 mètres cubes de composts
ainsi préparés, pour fumer un hectare ; l'engrais se fait sentir pendant quatre ans. Leurs
avantages les plus importants, pour le cultivateur, sont de pouvoir être mélangés avec
le sol ou appliqués à la surface, et être em-

ployés dans tous les temps de l'année. Quand on les répand en couverture, on choisit de préférence l'automne ou le printemps lorsque les semailles sont déjà levées ou que la végétation commence à partir.

COLOMBINE.

Sous ce nom, on désigne, dans l'Isère, la fiente des pigeons et de la volaille. Cet engrais, l'un des plus énergiques que l'on connaisse, n'est jamais fourni qu'en petite quantité dans les fermes, non-seulement parce que le nombre des animaux qui le produisent est limité, mais, surtout, parce qu'on néglige de le recueillir comme il conviendrait de le faire. En général, on laisse les matières excrémentitielles séjourner trop longtemps dans les poulaillers et les colombiers, il en résulte que divers insectes y déposent leurs œufs, et les larves qui en proviennent vivent aux dépens des substances qu'on utiliserait avec tant de profit, pour la fertilité des terres. Il serait à propos de répandre de la sciure de bois ou de la terre dans les colombiers, et de les vider tous les mois, en hiver, et tous les quinze jours, en été ; de cette manière, on ne perdrait rien de l'engrais, et les animaux ne seraient pas alors tourmentés par la vermine que ces débris attirent dans leurs retraites.

La colombine s'emploie sous deux formes : entière et réduite en poudre ; le second mode a le mérite de faciliter l'épandement de l'engrais et de le rendre plus tôt assimilable aux plantes. L'usage le plus fréquent qu'on en fait, consiste à le semer, à la volée, sur les semailles déjà levées ; les uns l'enterrent à la herse, les autres le laissent à la surface du sol ; ces deux méthodes sont également recommandables, la première, cependant, vaut mieux, quand on craint que le temps ne se mette à la sécheresse.

SUIE.

La suie n'est employée, en quantité un peu considérable, qu'aux environs des villes, encore, tous les cultivateurs qui pourraient profiter de cette ressource, la négligent-ils souvent. La suie a été surtout préconisée pour les terrains marécageux et les prairies qui souffrent d'un excès d'humidité; appliquée dans le but de contre-balancer les mauvais effets de l'eau, elle agit plus efficacement que les cendres; mais il faut avoir soin de la répandre par des temps très-secs, si l'on veut qu'elle produise tout son effet. Plusieurs praticiens fort habiles pensent qu'il y a plus de profit à l'employer sur les terrains légers, que sur les sols argileux.

CENDRES DE TOURBE ET CENDRES LESSIVÉES.

Les cendres de tourbe sont principalement usitées dans les parties de l'arrondissement de la Tour-du-Pin, où l'on se livre à l'extraction de la tourbe. On les emploie, de préférence, sur les prairies artificielles, en place de plâtre. Les uns les sèment au printemps, lorsque le trèfle et la luzerne entrent en végétation ; un petit nombre de cultivateurs aiment mieux les répandre en deux fois : au mois d'août, d'abord, lorsque les céréales ont été enlevées, et, ensuite, au printemps.

Partout on connaît les propriétés des cendres lessivées ; mais partout, aussi, l'on n'en possède qu'en trop petite quantité pour les faire servir à l'amélioration du sol. Jamais elles ne sont employées pures, ce n'est que lorsque la lessive les a déjà dépouillées d'une

partie de leurs principes fertilisants, que l'é-
conomie rurale s'en empare. On les applique
communément aux prairies, sur lesquelles
elles agissent de même que la suie; elles sont
encore utiles pour ranimer des semailles languissantes; dans ce dernier cas on choisit pour
les répandre un temps calme, et, autant que
possible, disposé à la pluie : le hersage donné
aux céréales de printemps convient parfaitement pour enterrer l'engrais : beaucoup se
dispensent de l'enfouir.

BOUES.

L'arrondissement de Vienne est presque
le seul qui fasse usage des boues dans le département de l'Isère; on sait cependant que
les immondices de toute nature qui tombent
le long des routes, ainsi que les débris que
l'on enlève dans les rues des villes, jouissent
d'une propriété très-fertilisante. Quels que

soient les prix des transports et les frais de
main-d'œuvre qu'elles occasionnent, on se les
procure encore à meilleur marché que les fumiers qu'on est obligé d'acheter. Les cultivateurs placés près des villes devraient donc
tirer parti de leur position, pour augmenter
ainsi la masse de leurs engrais. La négligence,
jusqu'ici, laisse encore à la charge des communes, l'enlèvement des boues que, dans plusieurs villes de la Belgique, les cultivateurs
se disputent avec empressement, et qui forme
un revenu important pour certaines cités.

Les effets de la boue sur les terres sont
très-énergiques, mais de courte durée, d'après
certains cultivateurs; d'autres, au contraire,
estiment qu'ils se font sentir pendant plusieurs
années. En général, on n'emploie la boue que
lorsqu'elle a fermenté pendant plusieurs mois,
mais sans lui faire subir aucune préparation.
On la conduit par tas sur les chaumes, et

après l'avoir répandue le plus également possible, on l'enterre par un labour superficiel; quelques-uns l'appliquent en couverture sur les récoltes au printemps. A Villeurbanne, on se sert de la boue pour fumer la terre qui doit recevoir des melons.

PURIN.

Peu de cultivateurs dans le département apprécient la valeur de cet engrais, à en juger par la perte qu'ils font volontairement du purin en négligeant de le recueillir. Dans la vallée de Grésivaudan cependant, ainsi que dans plusieurs communes de l'arrondissement de la Tour-du-Pin, on lui donne les soins qu'il mérite, mais pourquoi cette pratique n'est-elle pas généralement répandue même chez ceux qui entendent le mieux la préparation du fumier? C'est ce qu'on a peine à comprendre. Le purin, ainsi que chacun sait, est surtout avantageux lorsqu'on peut le faire absorber complétement par la litière. M. Bonnard, à Chichilianne (arrondissement de Grenoble), reçoit les excréments des animaux dans une rigole placée derrière ceux-ci ; la matière stercorale est absorbée par du sable, mise à l'abri sous un hangar, et portée ensuite sur des prés, où elle agit très-efficacement. Ce procédé fort simple, et qui évite une partie de la déperdition occasionnée par la fermentation et l'évaporation du fumier ordinaire, pourrait être imité par tous les cultivateurs ; on le pratique généralement en Suisse.

L'application séparée de l'urine présente aussi des avantages réels sur les sols légers et pour certaines récoltes dont la végétation doit être rapide. Le purin, d'ailleurs, ne servît-il qu'à humecter le fumier et à l'empêcher de brûler, serait déjà d'une grande ressource pour le cultivateur, mais, dans beaucoup de communes, il est rare qu'on dispose le tas de fumier de manière que le pied baigne toujours dans ce liquide. On voit, chez plus d'un cultivateur, les engrais placés sur un terrain incliné, exposés à la pluie, à l'air et au soleil, sans qu'une rigole tracée au pourtour du tas de fumier retienne le purin et l'empêche d'aller se prdre dans la cour ou dans la rue. L'exemple de quelques propriétaires fort éclairés pourrait, à cet égard, servir de modèle. Chez M. Prunelle, à Saint-Clair (arrondissement de la Tour-du-Pin), le purin est amené dans des citernes au moyen de rigoles pratiquées sous les étables ; on arrose les fumiers à l'aide d'une pompe ; on fabrique, en outre, un engrais excellent avec de la terre qu'on jette au fond de la purinière jusqu'à ce que le liquide soit complétement absorbé. Après deux mois de séjour dans cette purinière, la terre est extraite pour être transportée sur les récoltes ; on l'applique alors avec le

plus grand succès sur la luzerne, le trèfle
et quelquefois aussi sur les semailles du froment.

M. le comte de Menon, à Saint-Savin, opère
à peu près de la même manière ; ses étables
sont disposées de telle sorte, que le purin s'é-
coule dans une rigole placée derrière les animaux et vient aboutir dans des fosses situées
près de l'étable. Le purin est conduit sur les
prés, après qu'il a suffisamment fermenté ; il
y produit des effets surprenants.

Le purin est un excellent engrais qui convient principalement aux sols légers qui ont
besoin de fumures fréquentes et ne veulent
pas être soulevés par des substances pailleuses ;
on l'applique encore avec profit aux pommes
de terre en le répandant sur le sol après la
plantation, ou mieux, encore, au moment où
l'on va donner le premier buttage, ou dans

l'intervalle des deux buttages que reçoit ordinairement cette plante.

MATIÈRE FÉCALE.

La matière fécale est utilisée au profit de
l'agriculture dans certaines parties du département, notamment dans le canton de Meizieux (arrondissement de Vienne), près de
Saint-Marcellin et aux environs de Grenoble;
nulle part, toutefois, on ne tire tout le parti
que présente cette source de richesses végétales.

Dans les communes qui avoisinent Lyon,
Vaux, Villeurbanne, Bron, Meizieux, etc. les
cultivateurs vont s'approvisionner de matière
fécale à la ville même. Les uns la conservent
dans des fosses creusées en terre et l'emploient après qu'elle y a séjourné pendant
quelque temps; les autres, et c'est le plus

grand nombre, en font usage immédiatement.
L'hiver est la seule saison pendant laquelle on
puisse se procurer cet engrais; les règlements
de police en interdisent le transport dans les
grandes chaleurs; la salubrité publique ne
souffrirait nullement de la levée de cette in-
terdiction qui nuit aux intérêts de l'agriculture. On emploie la matière fécale dans la proportion de 10 à 12 tonneaux par 20 ares; le
prix du tonneau, contenant 3 hectol. est de
3 à 4 francs rendu à deux ou trois lieues
de Lyon. On répand la matière fécale sur le
froment et lé seigle d'hiver, lorsque la terre
est déjà un peu scellée par les gelées; au printemps, on l'applique principalement à l'orge,
quelque temps avant de mettre la semence
en terre; il en est de même pour le chanvre
et les pommes de terre. Dans le pays de Vaux,
on n'emploie que *la grosse*, c'est-à-dire la matière solide; les parties liquides, suivant les
cultivateurs de cette commune, produisent

peu d'effet sur leur sol, qui est une terre grasse d'alluvion.

Si l'on avait encore quelques doutes sur les résultats étonnants qu'on obtient de l'emploi de la matière fécale, il suffirait, pour les apprécier, de parcourir la commune de Bron, ainsi qu'une partie du canton de Meizieux. Le sol de ces pays est un gravier rougeâtre très-superficiel, propre tout au plus à la culture du seigle et du sainfoin dans son état brut. Les jachères occupaient autrefois une grande partie de ces terrains; les récoltes, soumises à toutes les intempéries des saisons dans cette terre ingrate, remboursaient à peine les avances qu'on leur faisait; aujourd'hui, par l'emploi de la matière fécale, ces terrains ont complétement changé de nature; ils portent chaque année, avec le plus grand succès, les récoltes les plus épuisantes, telles que du blé, du chanvre, de l'orge, des pommes de

terre; au lieu d'un sainfoin chétif qu'on y recueillait il y a 5o ans, on fauche partout maintenant, dans ces localités, du trèfle qui donne
deux coupes et un regain, ainsi que de la luzerne dont on retire trois coupes et un regain,
quand la température n'est pas contraire; en
un mot, la culture de ces pays a subi une révolution totale. Depuis qu'elle s'aide de la
matière fécale, les assolements se sont per-
fectionnés, la jachère à disparu, le sol, bien
travaillé, et toujours abondamment fumé, suffit
sans peine aux nombreux produits qu'on en
exige; l'aisance, enfin, a remplacé la misère:
exemple bien propre à exciter le zèle des cultivateurs dans toutes les contrées où l'on néglige l'emploi de la matière fécale.

AMENDEMENTS.

Les amendements dont on fait usage dans
le département de l'Isère sont : la marne, la
chaux, le plâtre et l'écobuage.

MARNE.

La marne agit à la fois mécaniquement et chimiquement sur le sol. Lorsque l'argile domine dans sa composition, elle lie les terres trop meubles; lorsque c'est le carbonate de chaux qui l'emporte, elle divise les sols tenaces et les rend perméables aux influences atmosphériques; sur toute espèce de terrain, elle agit chimiquement, en mettant en mouvement les matières inertes renfermées dans le sol; elle achève encore la décomposition des débris de la végétation, et détruit la plupart des mauvaises herbes. La marne peut donc trouver un emploi avantageux dans les contrées où la nature du sol a besoin d'être améliorée par une meilleure répartition entre les différentes bases qui le constituent; c'est pourquoi il est à regretter que les arrondissements de Vienne et de la Tour-du-Pin soient

les seuls qui y aient recours dans le département.

Dans le canton de Meizieux la marne dont
on se sert est une marne très-riche en carbonate de chaux. Conduite pendant l'hiver sur
les terres, elle y reste déposée par petits tas
jusqu'en mars et avril. La plupart ne déchau-
ment pas lorsqu'ils doivent marner ; quelques-
uns, par exception, commencent par labourer superficiellement avant de transporter l'a-
mendement ; quand les gelées, l'air, les pluies
et le soleil l'ont suffisamment délité, on le
répand à la pelle et on donne plusieurs labours croisés de 5 à 10 centimètres de profondeur, pour l'incorporer dans la couche
arable. L'introduction de la marne dans ce
canton ne remonte pas à une époque très-
avancée : les tâtonnements par lesquels on a
passé avant de découvrir la dose précise qui
convenait au sol de la plaine méritent d'être

rapportés, ils prouvent que les amendements qu'on veut employer doivent, pour être utiles, concorder avec la nature du sol : faute de cette étude préalable, beaucoup de cultivateurs condamnent ou rejettent souvent une pratique qui n'a d'autre inconvénient que d'être mal dirigée, et qui deviendrait excellente entre les mains d'hommes éclairés.

La première année que l'on commença le marnage des terres situées dans la plaine de Meizieux, on employa 150 mètres cubes de marne par hectare ; les effets en furent désastreux. Les trèfles ne rendirent plus ; les pommes de terre poussèrent assez bien la première année, mais les années suivantes, beaucoup de tubercules se racornissant, émettaient quelques tiges grêles, qui bientôt jaunissaient et finissaient par périr. Le froment seul se trouvait très-bien de l'application de cette dose ; elle était, au contraire, fatale à

l'orge, et nuisait à la végétation de l'avoine.
Plusieurs arbres s'en trouvèrent aussi très-
mal. Les haies s'éclaircissaient en peu de
temps. Le mûrier, la première année, présen-
tait une belle apparence; mais, à la seconde,
la feuille se repliait sur elle-même, elle jau-
nissait. L'arbre languissait encore pendant
quatre ou cinq ans; après ce temps, il fallait
le remplacer. Depuis qu'on n'emploie plus
que 5o mètres cubes de marne par hectare,
ces inconvénients ont disparu. Sur les coteaux
de nature argileuse on marne dans la proportion de 1oo mètres cubes par hectare, et
l'on s'en trouve très-bien; le trèfle, entre autres, y donne de belles récoltes depuis cette
époque. C'est un usage assez répandu aujour-
d'hui, dans le canton de Meizieux, de fumer
dans l'année même où l'on marne : la première année on plante des pommes de terre,
et la seconde année on sème du froment ou de
l'orge.

Dans le canton de la Verpillière, beaucoup de propriétaires défendent encore à leurs fermiers de marner. Ceux-ci, s'imaginant que la marne tenait lieu d'engrais, se dispensaient de fumer, et exigeaient en même temps les récoltes les plus épuisantes du sol. Il eût peut-être été plus sage de leur indiquer la manière d'employer utilement l'amendement que d'envelopper dans la même proscription la chose et les abus.

Dans le canton de Saint-Symphorien, beaucoup de cultivateurs marnent dans la proportion de 20 mètres cubes par hectare, et s'en trouvent très-bien pour leurs récoltes de trèfle et de froment. La marne est plutôt calcaire qu'argileuse; le sol est argilo-siliceux. On répète le marnage tous les cinq ou six ans, et l'on ne fume qu'à la seconde année de l'opération.

Dans le canton de Saint-Jean-de-Bournay, l'usage de marner n'est introduit que depuis quinze à dix-huit ans. La marne est calcaire et sablonneuse. On la conduit pendant l'automne sur les chaumes ; elle y passe l'hiver en petits tas ; on l'enfouit au printemps par plusieurs labours superficiels. On l'applique dans la proportion de 140 mètres cubes par hectare, et l'on répète le marnage tous les six ou huit ans. Cette opération est surtout pratiquée sur les coteaux.

A la Côte-Saint-André, depuis que les communes de Semons, Arzay, Bossieu ont adopté l'usage de marner, l'hectare de terre, qui valait auparavant de 800 francs à 1,000 francs, se paye aujourd'hui de 2,000 à 2,400 francs : cette augmentation de valeur s'explique par les prairies artificielles qu'on obtient à l'aide de la marne et qui étaient inconnues auparavant à ces localités. On marne dans la proportion de 25 mètres cubes par hectare; le marnage recommence tous les huit ans.

Dans le canton de Crémieux (arrondissement de la Tour-du-Pin), les cultivateurs qui marnent mettent 125 mètres cubes par hectare. Avant d'enfouir la marne, ils l'épandent à la surface du champ et la laissent ainsi exposée pendant plusieurs jours au soleil. On regarde comme nécessaire de labourer le sol à diverses reprises, afin de bien incorporer l'amendement dans la couche arable; quand on l'enfouit trop profondément elle, n'agit pas.

Dans le canton de Bourgoin, le marnage ne se pratique que partiellement, encore le fait-on à contre-sens. Il a lieu, sur les coteaux, avec une marne argileuse qui nuit plutôt qu'elle ne profite à un sol de sa nature déjà trop consistant; cette espèce de marne con-

viendrait parfaitement aux terres légères de
la plaine, mais là on n'en fait pas usage. La
marne calcaire, et mieux encore le carbonate de chaux, amélioreraient beaucoup les
sols tenaces des coteaux; la pratique du marnage n'est pas assez répandue dans les cantons de Morestel et du Pont-de-Beauvoisin ;
on l'introduirait avec avantage dans beaucoup
de localités des arrondissements de Grenoble
et de Saint-Marcellin.

CHAULAGE.

Le chaulage n'est pas pratiqué dans le département de l'Isère, d'une part, parce qu'on
ignore ses avantages dans un grand nombre
de localités; de l'autre, parce que le prix de
la chaux dépasserait souvent l'utilité que pro-
curerait son emploi.

Le chaulage produit surtout de bons effets

sur les sols argileux qui ont besoin d'être divisés, ainsi que sur les terrains tourbeux qui, livrés à la culture, ont besoin d'être désacidifiés; son action n'est nuisible q'uaux sols crétacés ainsi qu'à ceux qui seraient complétement épuisés, si l'on n'appliquait en même temps à ces derniers la fumure nécessaire pour réparer leurs forces.

Le mode le plus usuel d'employer la chaux est de l'éteindre avant de s'en servir; pour cela, on dispose la chaux en tas creusés en entonnoir vers le centre; on y verse de l'eau et l'on ferme l'ouverture avec la chaux prise sur les bords du tas. La présence de l'eau fait gonfler la chaux, elle se crevasse et se délite; on remue alors la masse avec une pelle et on la rassemble de nouveau en tas, qu'on arrose une seconde fois, si tous les blocs calcaires ne sont pas encore fondus. Dès que la chaux est suffisamment délitée, on la met à l'abri, dans un local bien sec, jusqu'à ce qu'on la charrie sur les terres.

En général, c'est sur l'éteule même qu'on porte la chaux ; il vaudrait mieux cependant que le terrain eût reçu auparavant un labour superficiel. On la décharge par tas plus ou moins forts, suivant le degré d'énergie que doit avoir le chaulage ; cela fait, on la distribue à la surface du champ au moyen d'une pelle, et l'on se hâte de l'enfouir par un coup d'extirpateur ou par un trait de herse croisé : il est indispensable de mettre le plus tôt possible la chaux à l'abri des intempéries de l'atmosphère, car si elle venait à recevoir une pluie quand elle est étendue sur le sol, elle perdrait beaucoup de ses qualités. Le chaulage, une fois pratiqué, doit être répété ; il doit surtout être accompagné de la fumure, l'année même ou dans l'année qui suit celle où on le pratique, à moins qu'on n'agisse sur un défrichement de bois ou sur un marais desséché.

PLÂTRE.

Le plâtre est employé dans les quatre arrondissements sur les prairies artificielles, dont il augmente beaucoup les produits. Les quantités varient suivant les habitudes de chaque cultivateur; en général cependant on répand de 200 à 300 kilogrammes de plâtre par hectare; quelques cultivateurs, dans l'arrondissement de Vienne, en mettent jusqu'à 500 kilog. Les uns le sèment en une seule fois, au printemps; les autres n'en mettent que la moitié au mois d'août et l'autre moitié au commencement d'avril; on l'emploie indifféremment cuit ou cru, mais toujours bien pulvérisé. Plusieurs cultivateurs attendent, pour plâtrer leurs trèfles ou luzernes, que les dernières gelées soient passées, surtout si la prairie se

trouve dans un bas-fonds, parce que la végétation, excitée par ce stimulant, pourrait être
compromise par les froids qui surviennent
souvent pendant les premières nuits du printemps.

ÉCOBUAGE.

L'écobuage se pratique assez fréquemment
dans les arrondissements de la Tour-du-Pin
et de Grenoble; les deux autres arrondissements ne voient exécuter cette opération que
de loin en loin, et jamais par suite d'un usage
généralement adopté.

Le procédé suivi pour écobuer varie peu.
Dans les communes du Bouchage, de Brangues, de Les Avenières, on écroûte avec une
charrue à versoir très-large; la bande de terre
est détachée aussi mince que possible; une
fois séparée du sol, on la divise en petits

cubes qu'on dresse par tas. Dans d'autres localités, on écroûte avec une pelle destinée à cet usage ; lorsque les tranches de gazon sont suffisamment sèches, on les réunit par tas arrondis, dans l'intérieur desquels on a soin de ménager un espace vide. C'est alors qu'on y introduit des matières inflammables, telles que des brindilles, des herbes ou des racines desséchées; on y met le feu; puis, lorsque le tout s'est consumé lentement et que les tas sont complétement réduits en cendres, on répand l'engrais, à la pelle, à la surface du champ, et on l'enterre par un labour très-superficiel : cette culture précède ordinairement l'ensemencement d'une quinzaine de jours.

Dans l'arrondissement de la Tour-du-Pin l'écobuage se pratique ordinairement en juillet; on met le feu au gazon dans le courant d'août, pour semer à la fin du même mois.

A Bourg-d'Oisans, dans l'arrondissement de Grenoble, on brûle les gazons en juin et juillet pour semer en août; toutes les fois qu'on a écobué, on ne répand que les deux tiers de la quantité ordinaire de semence; l'écobuage n'a lieu que sur les vieilles prairies ou sur des sainfoins complétement usés.

A Séchilliennes, l'écobuage a lieu particulièrement sur les communaux; il s'exécute de la manière suivante : les habitants du même hameau conviennent de se réunir tel jour, pour écobuer au profit d'un individu qui, ce jour-là, se charge de nourrir les travailleurs. Tous se rangent sur une seule ligne, armés d'une pioche dont le fer a 7 à 8 centimètres de largeur, et ne quittent l'opération que lorsqu'elle est tout à fait terminée. Cela fait, ils vont écobuer, aux mêmes conditions, pour un autre individu; de sorte que chaque habitant du hameau profite du travail commun et y contribue pour sa part. L'écobuage se pratique dans le mois de juillet; on sème en août. Sur le sol ainsi préparé, on sème, la première année, du seigle, puis, la deuxième année, on prend une avoine ; on laisse ensuite le terrain se regazonner spontanément pendant six ou huit ans, après lesquels on recommence l'opération.

Les mauvais cultivateurs seuls profitent de l'écobuage comme d'un moyen de se dispenser de fumer; en général, cette pratique s'effectue d'une manière raisonnée dans le département; elle est assez répandue dans la vallée de Grésivaudan, mais elle n'y revient pas périodiquement. Dans les bonnes exploitations, c'est un procédé auquel on a recours quand les mauvaises herbes prennent le dessus sur les récoltes; on regarde aussi cette opération comme utile pour donner de temps en temps plus d'activité au sol, et mettre en mouvement les principes fertilisants qui s'y étaient accumulés.

FUMURES VERTES.

Plusieurs localités du département de l'Isère ont adopté les fumures vertes, et elles emploient à cet usage le lupin, les vesces et le sarrasin. La vesce ne se fauche pas ; le même coup de charrue la renverse et l'enfouit à la fois. Il en est de même du sarrasin. Quant au lupin, il est d'usage de ne l'enfouir qu'après qu'il a été fauché ou arraché à la main. Des femmes exécutent cette dernière opération ; elles suivent le laboureur et déposent le lupin dans la raie qui vient d'être tracée. Toutes ces plantes sont enfouies au moment de leur plus grande floraison. Après les vesces, on tient pour assurée la récolte de froment qui leur succède ; le lupin occupe ensuite le second rang comme plante amélio-

rante ; le sarrasin est réputé la moins énergique de ces trois plantes, comme engrais
végétal. Les fumures vertes sont particulièrement mises en pratique dans les terres sablonneuses des cantons de Crémieux, du Péage,
de Meizieux et de Vienne ; leurs effets ne se
font sentir que pendant une année.

ASSOLEMENTS.

Les assolements, dans le département de
l'Isère, varient suivant le nature du sol, les
ressources du cultivateur, son plus ou moins
d'industrie et les débouchés qui l'entourent.
Bien que l'on ait à constater des progrès réels
dans l'art de faire succéder les récoltes dans
ce pays, on ne peut se dissimuler qu'il n'y ait
encore beaucoup à faire sous ce rapport dans
la plupart des communes. Si la division des
propriétés explique naturellement la diversité
des assolements qu'on y suit, elle ne saurait

justifier l'épuisement que l'on fait subir au
sol par des récoltes répétées de grains. En
général, c'est là le vice capital de la culture
du département de l'Isère; les prairies artificielles, et partant les bestiaux, ne sont pas
en rapport avec l'étendue des exploitations
rurales; de là, la pénurie de fumier qui se
fait sentir chez un grand nombre de cultivateurs, et qui, dans beaucoup de localités,
ferait regretter la suppression des jachères
comme moyen de réparer les forces du sol.
Les faits suivants serviront de preuve à cette
vérité trop peu reconnue en France, que
la petite culture, loin d'être favorable à l'a-
mélioration de la terre, tend directement à
son épuisement lorsque les capitaux ne ré-
pondent pas à l'industrie du cultivateur. Dans
l'impossibilité où nous sommes d'énumérer
tous les cours de récolte que l'on a adoptés
dans le département de l'Isère, nous nous
contenterons de passer en revue les assole-

ments les plus usités dans les divers arrondissements.

ARRONDISSEMENT DE VIENNE.

Canton de Meizieux, sol silico-ferrugineux
peu profond, sous-sol composé de galets.

1° Orge ou avoine fumées ;
2° Seigle ;
3° Trèfle ;
4° Froment ;
5° Seigle.

On fait un grand usage de la matière fécale. La luzernière se trouve en dehors de
l'assolement ; elle dure ordinairement de 7
à 8 ans. Dans les bons fonds, quand elle a
bien réussi, on suit, sur le défrichement, la
rotation suivante : 1° avoine ; 2° blé dur ; 3°
froment barbu ; 4° seigle ; 5° trèfle ; 6° fro-

ment ; 7° colza ; tout cela sans fumure. Heureux le sol capable de supporter une telle charge ! dans tous les cas, on songe bien peu à accroître sa fertilité en le traitant ainsi.

A Vaux, dans un bon sol d'alluvion, on a :

1° Récolte sarclée et fumée ;
2° Froment ;
3° Trèfle ;
4° Froment.

A Bron, le sol est un gravier rougeâtre, mêlé d'argile, sablonneux du côté de Lyon·

1° Blé ;
2° Seigle ou orge ;
3° Blé ;
4° Pommes de terre ;
5° Froment ;
6° Trèfle ;
7° Blé.

Toutes les récoltes sont fumées principalement avec de la matière fécale ; sans cela,
la troisième sole serait infestée de mauvaises
herbes. Après une luzerne qui a duré 12 ans,
on suit le cours : 1° avoine ; 2° froment ; 3°
seigle ; 4° blé. Ce dernier seul reçoit une fumure ; sans cela on risquerait fort de ne récolter que de la paille : ne ferait-on pas mieux
de le remplacer par une récolte sarclée, qui
nettoierait le terrain ?

Dans les bonnes terres de la Verpillière
on trouve :

1° Pommes de terre ou chanvre fumé ;
2° Froment ;
3° Seigle ;
4° Trèfle ;
5° Froment ;
6° Seigle, suivi de sarrasin.

Si le trèfle ne recevait pas une demi-fumure, ou bien si l'on n'appliquait pas l'engrais au blé qui lui succède, le sol, à coup sûr, ne s'enrichirait pas avec une pareille succession.

Dans la plaine, formée de sable rouge mêlé de galets roulés, on a, le plus souvent :

1° Jachère fumée ou que l'on a dû fumer avec des lupins enfouis en pleine fleur; 2°blé; 3° seigle, suivi de sarrasin. Véritable terre à seigle, dont on ne devrait exiger du blé que lorsqu'elle aurait été améliorée par la culture du sainfoin et de la lupuline; le trèfle, dans les premières années, y viendrait mal.

Dans le canton de Saint-Symphorien, où le sol est argilo-siliceux, très-profond et tout à fait propre à la culture du froment, on a :

1° Blé ;

2° Seigle ;

3° Trèfle ;

4° Blé ;

5° Seigle ou avoine, ou bien de l'orge, quand on veut semer de la luzerne à la fin du cours. C'est l'assolement triennal remplacé par le trèfle à la troisième année ; on pourrait, il nous semble, modifier avantageusement ce cours en lui substituant la rotation suivante :

1° Fèves ou vesces fumées ;

2° Blé ;

3° Trèfle ;

4° Avoine ;

5° Blé.

Quelques-uns ont aussi l'assolement de six ans : 1° pommes de terre ; 2° blé ; 3° seigle ; 4° trèfle : 5° froment : 6° seigle : système qui peut à la rigueur se soutenir pendant longtemps, grâce au seigle, qui s'accommode de toute espèce de place ; la paille du moins ne manque pas dans le cours.

Au Péage, dans les mauvais sols sablonneux, l'assolement est biennal, on a : 1° pommes de terre ; 2° seigle suivi de sarrasin ; quelquefois aussi jachère, dans laquelle on sème des lupins pour enfouir, puis blé.

Les petits propriétaires entre le Péage et Cheyssieu, dans un terrain caillouteux et sablonneux, suivent cette rotation : 1° seigle, puis sarrazin ; 2° trèfle incarnat, semé dans le sarrasin ; 3° pommes de terre fumées. Assolement remarquable, et qui convient parfaitement à un sol aussi ingrat. Le trèfle est fauché et fané. Les pommes de terre profitent de ses débris et reçoivent, en outre, tout le fumier dont on peut disposer ; elles constituent, en effet, la principale ressource alimentaire de la famille.

Aux portes de Vienne, on trouve encore l'antique assolement, jachère et blé; et ce sont pourtant de bonnes terres, et Vienne fournirait d'abondantes ressources en fumier de toute espèce; mais les cultivateurs ne songent pas à ces richesses. Dans les meilleurs fonds, on ose à peine utiliser environ un tiers de la jachère qui, l'année suivante, doit porter du blé. Il est juste de dire, toutefois, que beaucoup de cultivateurs du canton se sont affranchis de cette vieille coutume, et suivent avec succès un assolement de cinq ans.

A Saint-Jean-de-Bournay, dans les terres sablo-argileuses faciles à cultiver, on a :

1° Orge fumée;
2° Trèfle;

3° Froment;

4° Seigle fumé, suivi de trèfle incarnat fauché en vert;

5° Pommes de terre.

Lorsque le fond est très-bon, on prend quelquefois une avoine après le seigle ; mais on ferait bien mieux de s'en tenir aux pommes de terre, qui ont au moins le mérite de laisser le terrain net de mauvaises herbes.

A la Côte-Saint-André, dans la plaine où le sol est argilo-siliceux, on a :

1° Froment fumé;

2° Trèfle ;

3° Froment;

4° Seigle;

5° Colza; c'est-à-dire, qu'on exige que la terre produise jusqu'à l'épuisement. Ne ferait-on pas mieux de se contenter d'un assole-

ment de 4 ans, ou bien de modifier le cours
ainsi qu'il suit :

1° Colza fumé;
2° Blé;
3° Trèfle :
4° Blé;
5° Seigle.

Le trèfle, dans ce cas, devrait recevoir une
demi-fumure, à moins qu'on ne préférât l'appliquer au blé, qui lui succède.

ARRONDISSEMENT DE LA TOUR-DU-PIN.

Dans les sables rouges du canton de Crémieux, mauvaises terres dont le sous-sol se
compose de galets situés à quelques centimètres de la couche arable, on a :

1° Jachère;

2° Seigle, suivi quelquefois de sarrasin.

On sème souvent dans la jachère du lupin que l'on enfouit en vert, peu de temps avant de semer le seigle.

Dans les terres meilleures, on a :

1° Blé fumé ;
2° Trèfle ;
3° Blé ;
4° Orge ou avoine.

Il y a des prés en dehors de la rotation.

Sur les bords du Rhône, les petits cultivateurs n'ont pas d'assolement régulier. Dans les exploitations moyennes, on suit l'assolement triennal ; quelquefois on *retrouble*, c'est-à-dire qu'on prend un seigle après le blé.

Dans le canton de Morestel, quelques cultivateurs ont adopté le cours suivant :

1° Maïs, pommes de terre ou chanvre fumé;
2° Blé;
3° Trèfle;
4° Blé;
5° Seigle, suivi de sarrasin ou de raves.

Dans les communes de Brangues et du Bouchage, on abuse de l'excellente qualité du sol argilo-marneux et de la pratique de l'écobuage, pour exiger des terres six récoltes consécutives en grains. La misère de ces pays est la meilleure critique d'une culture aussi épuisante.

Dans les localités argilo-siliceuses du canton, on suit cette rotation :

1° Chanvre ou pommes de terre fumés, ou bien haricots, maïs et betteraves;

2° Froment;

3° Trèfle;

4° Blé;

5° Seigle, quand le sol est assez riche pour supporter cette seconde éteule.

On trouve aussi, dans la commune de Veseron, l'assolement suivant :

1° Pommes de terre fumées ou maïs;

2° Seigle, suivi de sarrasin;

3° Orge.

Il y a des prés en dehors de l'assolement, et souvent aussi une sole de sainfoin ou de luzerne.

Près de Bourgoin et de la Tour-du-Pin, on rencontre les rotations suivantes :

1° Blé fumé ;

2° Trèfle ;

3° Froment ;

4° Seigle, suivi de sarrasin en seconde récolte, ou bien :

1° Orge de printemps, fumée ;

2° Trèfle ;

3° Blé ;

4° Seigle.

Ou encore :

1° Colza, maïs, haricots, pois ou pommes
de terre ;

2° Froment ;

3° Trèfle ;

4° Froment ;

5° Seigle.

Dans les marais de Bourgoin, on suit généralement cet assolement :

1° Avoine fumée;

2° Seigle;

3°
4° } Avoine.

Plusieurs sèment de l'avoine pendant quatre années de suite; mais aussi le sol est tellement infesté de mauvaises herbes, qu'il faut alors recourir à une année de jachère pour les extirper, et, quelquefois encore, on a besoin de récoltes sarclées à la seconde année, pour nettoyer complétement le terrain.

Le blé vient mal dans les marais : entre deux céréales on sème souvent des poisettes (vesces) pour enterrer en vert.

M. Giraud, dans le sol d'alluvion formant la plaine qui s'étend de Bourgoin à la Tour-du-Pin, a adopté les rotations suivantes :

1° Betteraves fumées;

2° Froment;

3° Trèfle;

4° Froment.

Ou bien :

1° Betteraves;

2° Froment.

Dans les sols de médiocre qualité, il a :

1° Colza fumé;

2° Seigle;

3° Avoine.

Dans les terres fortes des cantons de Vienne
et de Saint-Geoire, on suit généralement les
assolements suivants :

1° Orge de printemps fumée;

2° Trèfle;

3° Blé ;

4° Seigle, suivi de sarrasin ,
et 5° Avoine.

On y trouve aussi l'assolement triennal : jachère, blé et avoine.

ARRONDISSEMENT DE SAINT-MARCELLIN.

Dans la commune d'Iseron, sol graveleux et rougeâtre, on a :

1° Pommes de terre fumées, chanvre, pois chiches, haricots, lentilles ;
2° Blé, suivi de sarrasin.

Dans la montagne, l'assolement est également biennal et se compose de :

1° Pommes de terre fumées ;
2° Seigle.

A Saint-Bonnet, beaucoup de cultivateurs ont adopté la rotation de quatre ans :

1° Pommes de terre ou courges ;
2° Blé ;
3° Trèfle ;
4° Blé.

Dans les terres les plus compactes de l'arrondissement, la jachère alterne avec la culture d'une céréale, tantôt blé, tantôt seigle : ce dernier est quelquefois suivi d'une avoine.

Dans les bonnes terres silico-argileuses près de Saint-Marcellin, on a :

1° Chanvre, betteraves ou pommes de terre fumées ;
2° Blé ;
3° Trèfle ;
4° Blé ;

5° Seigle ou blé.

Dans la vallée de Tullins, on suit ce cours :

1° Pommes de terre fumées ;
2° Chanvre, avec demi-fumure ;
3° Seigle ;
4° Trèfle ;
5° Froment.

ARRONDISSEMENT DE GRENOBLE.

Dans la vallée de Grésivaudan, beaucoup de cultivateurs ont adopté la rotation suivante :

1° Chanvre fumé ;
2° Chanvre fumé ;
3° Chanvre, avec demi-fumure ;
4° Gros blé ;
5° Blé fin ;

6° Trèfle;

7° Blé fin.

Assolement très-vigoureux et parfaitement approprié au riche sol de cette vallée; suivant qu'on dispose d'une quantité plus ou moins grande de fumier, on prend deux ou trois chanvres de suite.

A Villars-Bonnot, chez les cultivateurs de la plaine, on trouve, outre l'assolement précédent :

1° Pommes de terre fumées;

2° Gros blé;

3° Trèfle;

4° }
5° } Blé fin;

6° Maïs, puis écobuage et retour aux pommes de terre.

Dans la montagne, quand on a suffisamment de fumier, on suit un cours de trois ans :

1° Pommes de terre ;

2° Froment;

3° Seigle.

Toutes les récoltes sont fumées.

A Chichilliane, on a :

1° Pommes de terre fumées ;

2° Blé ;

3° Seigle ;

4° Seigle.

A Uriage, le cours est de cinq ans, savoir :

1° Pommes de terre ;

2° Blé ;

3° Trèfle ;

4° Gros blé ;

5° Blé fin, seigle et avoine.

Si la terre est tout à fait médiocre, on ne prend que deux seigles après les pommes de terre ; dans les meilleurs fonds, on a : 1° chanvre fumé ; 2° blé ; 3° et 4°, seigle.

Dans la haute montagne, au Rivier :

1° pommes de terre, fèves ou pois fumés ; 2° orge ; 3° seigle.

Les prés sont en dehors de la rotation.

Au Bourg-d'Oisans, dans une terre légère d'alluvion, on a :

1° Pommes de terre ou chanvre fumé.
2° Seigle ;
3° Froment ;
4° Esparcet, qui dure cinq ou six ans ;

5° Blé, suivi, quelquefois, d'un seigle.

L'assolement triennal, jachère, blé et avoine, se rencontre dans plusieurs communes de la montagne.

A Saint-Laurent-du-Pont, dans un sol argileux et humide, on a :

1° Jachère fumée ;
2° Blé ;
3° Avoine ou orge ;
4° Pommes de terre fumées ;
5° Blé ;
6° Avoine ou orge ;
7° Trèfle ;
8° Blé.

Le trèfle, ici, est loin d'être à sa place ; on pourrait remplacer ce cours par le suivant :

1° Jachère fumée;

2° Blé;

3° Trèfle;

4° Avoine;

5° Blé;

6° Fèves ou vesces fumées;

7° Blé;

8° Avoine.

CULTURE DES PLANTES.

Les plantes agricoles que l'on cultive dans le département de l'Isère, sont : le froment, le seigle, le méteil, l'orge, l'avoine, le maïs, le sarrasin, les haricots, les fèves, les pois, les pois chiches, les lentilles, le lupin, le colza, la navette, le chanvre, le lin, les pommes de terre, les betteraves, les navets, les vesces, le sainfoin, la luzerne, le trèfle, le trèfle incarnat, la lupuline, la vigne et le mûrier.

CÉRÉALES.

Toute la partie du département de l'Isère qui a été formée par les alluvions est soumise à la culture des céréales. Dans les vallées les plus fertiles, la production granifère alterne avec celle du chanvre, du maïs et des fourrages; les plaines, moins riches en général, sont plus exclusivement affectées aux récoltes de grains; la nature du sol et les ressources en fumier décident du genre de céréales qu'on cultive de préférence.

FROMENT.

On cultive plusieurs variétés de froment dans l'Isère, savoir : le gros blé barbu, désigné, dans plusieurs localités, sous le nom de *godelle ;* le blé rouge sans barbes, appelé aussi blé dur, et le blé fin avec barbes ou sans barbes. En général, on trouve que le gros blé barbu supporte mieux une forte fumure et résiste plus dans les terrains argileux que les autres variétés; c'est pourquoi, on le place de préférence, dans les sols tenaces ou dans les anciens marais desséchés; sa farine est moins blanche que celle des blés fins; ceux-ci sont plus recherchés dans le commerce; ils se contentent aussi d'un sol moins riche et moins consistant. Les premiers conviennent, surtout, dans les terrains bas ou humides, ils y sont moins exposés à la rouille que les autres variétés. Il est d'expérience, qu'après un certain laps de temps, la culture donne au blé des barbes qu'il n'avait pas les premières années de la semaille; cette modification extérieure se fait sentir d'autant plus vite, que le blé est placé dans des conditions moins avantageuses à sa réussite; c'est pourquoi la plupart des cultivateurs sont dans l'usage de

changer, de temps en temps, leurs grains de
semence.

Dans l'arrondissement de Vienne, les uns
renouvellent la semence tous les trois ou
quatre ans; la plaine la tire des coteaux, et
ceux-ci de la plaine. Beaucoup de cultivateurs
ne changent jamais de semence et ne s'en
trouvent pas plus mal. Ce fait, qui semble-
rait contradictoire avec les principes admis,
s'explique naturellement, toutes les fois qu'on
réserve la partie la plus belle et la plus mûre
du champ pour servir de grains de semence;
toutefois, comme les plantes, quel que soit
le soin qu'on leur donne, tendent, plus ou
moins, à dégénérer, après un certain laps de
temps, nous pensons qu'il est avantageux de
changer, de loin en loin, de semence, et de
la tirer d'un pays dont le sol et le climat diffèrent de ceux où l'on cultive; avec un grain
bien nourri, et provenant d'une localité choi-

sic, on est presque certain d'avoir des blés
exempts des maladies qui sévissent plus particulièrement dans la contrée, et, surtout,
l'on se procure des récoltes nettes de mauvaises herbes.

Dans l'arrondissement de la Tour-du-Pin,
beaucoup renouvellent leur semence tous les
deux ans. Cet usage existe aussi dans l'arrondissement de St-Marcellin, mais il n'est point
soumis à des époques absolues; on change de
semence quand la nécessité s'en fait sentir.

Dans l'arrondissement de Grenoble, surtout dans la vallée de Grésivaudan, on change
de semence tous les ans. A St-Laurent-du-
Pont, on ne la renouvelle que tous les deux
ans; dans la montagne, l'époque du changement est sujette à varier, il est rare, cependant, qu'on laisse passer la troisième année
sans s'approvisionner de nouveaux grains de
semence.

11.

Dans toutes les localités du département, le blé est plus ou moins sujet à être attaqué par la carie, aussi fait-on, généralement, subir une préparation au grain de semence. Les moyens employés pour le préserver de la carie ne sont pas les mêmes partout. A Meizieux, on se sert du procédé suivant : on prend, pour 3 hectolitres et 1/2 de grains, 5oo grammes de sulfate de cuivre, que l'on fait dissoudre dans 5o litres d'eau bouillante, et l'on coupe cette dissolution avec 5o litres d'eau froide. Cela fait, on répand le liquide sur le blé, à l'aide d'une pelle ou d'un arrosoir, on brasse le grain à plusieurs reprises, puis on le laisse sécher jusqu'au moment de l'employer; la préparation a lieu la veille du jour de la semaille.

Dans le canton de Vienne, on fait également dissoudre du sulfate de cuivre dans de l'eau et on en arrose le blé, en le remuant à chaque opération; quelques-uns procèdent au vitriolage du grain par immersion, pratique qui devrait être généralement susbstituée à l'aspersion, surtout quand on a soin d'écumer tous les grains imparfaits qui viennent flotter à la surface, à mesure qu'on brasse le grain plongé dans le liquide.

A la Côte-Saint-André, le vitriolage a lieu par aspersion.

Dans l'arrondissement de la Tour-du-Pin, la manière de préparer le grain de semence offre aussi des différences. Dans le canton de Crémieux, on fait dissoudre le sulfate de cuivre dans de l'eau chaude ou bouillante, on met 3 kilogrammes 5oo grammes de vitriol par 6o litres de grain, on en asperge le tas de blé à l'aide d'un balai, et, lorsqu'on l'a brassé à quatre ou cinq reprises, on le met de côté, pour être semé quelques heures après. Du côté de la Balme, ainsi que sur les bords du Rhône, les uns se servent de chaux ; on en jette quelques morceaux dans une eau bouillante et on arrose le blé avec ce préservatif ; quand le grain en est bien imprégné, on le laisse en tas, sans le brasser, jusqu'au moment de l'employer. On met environ 5oo grammes de chaux par décalitre. Beaucoup de cultivateurs de la localité font aussi usage dn sulfate de cuivre. Dans le canton de Morestel, on se sert de sulfate de cuivre et de chaux. Le plus grand nombre a recours au sulfatage ; on met 5oo grammes de sulfate de cuivre par 3 hect. de grain. Le blé est arrosé avec le liquide, puis brassé à plusieurs reprises ; on sulfate le grain, la veille du jour où l'on doit semer. Dans les cantons de la Tour-du-Pin et de Bourgoin, les uns emploient le sulfatage, les autres, le chaulage ; la préparation des grains a lieu par aspersion ; M. Giraud a adopté un procédé remarquable pour préserver son grain de la carie. Il lave plusieurs fois son grain en le faisant tremper dans un cuvier contenant l'eau dans laquelle on a fait dissoudre le sulfate de cuivre; au sortir du cuvier, le blé est saupoudré avec de la poussière de chaux vive éteinte, la dessiccation est alors presque instantanée; une fois le grain sec, on procède à son ensemencement. Le sulfatage est presque exclusivement usité dans les communes situées à l'est de l'arrondissement; il a lieu par aspersion.

Dans l'arrondissement de Saint-Marcellin, on chaule et l'on sulfate le blé. Les cultivateurs qui ont adopté le chaulage y procèdent par aspersion; on brasse le grain à plusieurs reprises.

Dans l'arrondissement de Grenoble, bien que le chaulage soit usité chez beaucoup de cultivateurs, c'est le sulfatage qui domine;

il se rencontre surtout dans la montagne. À Saint-Laurent-du-Pont on ne fait subir aucune préparation à la semence, les récoltes sont souvent infestées de carie.

On sème le froment, soit sur la jachère, soit après le trèfle, le sarrasin, les lupins, les vesces, le chanvre, les pommes de terre, le colza, le maïs, quelquefois aussi après de l'avoine ou de l'orge.

Il serait difficile de déterminer *a priori* quel est le meilleur de tous ces précédents pour le froment, cette appréciation dépendant d'une foule de causes, telles que la nature du sol, sa fertilité, son état d'ameublissement et de netteté, le système de culture suivi, ainsi que le plus ou moins de réussite des plantes qui occupaient antérieurement le sol; néanmoins les cultivateurs ont, à cet égard, des données générales basées sur l'expérience d'un grand nombre d'années.

Après la jachère, on trouve que le blé, même avec une demi-fumure, a plus de poids et qu'il rend plus en grain et en paille, qu'après toute espèce de récolte; il est aussi moins sujet à verser.

Le blé qui succède à un trèfle est généralement très-beau, mais il rend proportionnellement moins de grain que de paille. Le sarrasin est regardé par quelques cultivateurs du canton de Bourgoin comme un mauvais précédent pour le blé, soit qu'on l'enfouisse comme fumure verte, soit qu'on le coupe en deuxième récolte : cette opinion, partagée par d'excellents cultivateurs, tient peut-être à l'effet mécanique que produit le sarrasin sur les terres trop légères, en les rendant veules; il n'agit point ainsi, que nous sachions, dans les terres véritablement propres à la culture du blé.

Il n'est pas rare dans le département de semer le blé après des lupins enfouis en vert; en général, c'est dans les sols sablonneux qu'on suit cet excellent procédé; l'espèce de fraîcheur que la fumure verte leur communique est regardée comme la principale cause de la réussite du froment après cette plante, qui tient lieu, d'ailleurs, d'une demi-fumure.

Les vesces, et surtout les vesces enfouies au moment de la fleur, sont considérées comme un excellent précédent pour le froment; la récolte est presque toujours assurée à cette place et ne le cède que de bien peu au blé venu sur jachère.

Après trois récoltes consécutives de chanvre fumé, on prend, en général, dans la vallée de Grésivaudan, un blé gros suivi d'un blé fin; le blé gros résiste très-bien dans un sol aussi fortement fumé, la paille seule laisse quelque

chose à désirer. Après le chanvre d'une année,
on est toujours assuré d'avoir une belle récolte en blé.

Dans tous les sols sablonneux où la récolte
des pommes de terre s'effectue d'assez bonne
heure, le blé réussit très-bien à la suite de
cette plante; les terres argileuses des cantons
de Virieu et de Saint-Geoire se trouvent bien
également du blé placé après les pommes
de terre; beaucoup de cultivateurs, néanmoins, se plaignent de la propriété épuisante des pommes de terre, et préfèrent les
remplacer par un grain de printemps, tel que
de l'orge ou de l'avoine, plutôt que par un
blé d'automne. Après des betteraves bien fumées, et pour lesquelles les sarclages et les binages ont été bien exécutés, il est rare qu'on
n'obtienne pas de belles récoltes, elles sont
moindres, toutefois, qu'après la jachère; la
qualité en est excellente. Dans plusieurs loca-

lités du canton de Crémieux, on trouve que
le blé vient mal après les pommes de terre,
parce que la récolte sarclée rend la terre trop
creuse.

Le colza, chez les cultivateurs qui le binent
et le fument convenablement, est réputé un
bon précédent pour le blé; au contraire,
quand on le sème à la volée et qu'on le place
dans des sols maigres, il achève de salir et
d'épuiser le terrain, partant il nuit à la récolte du blé qui lui succède; ainsi tombent
les contradictions apparentes de certains faits
dont le secret consiste dans le soin et l'in-
telligence du cultivateur.

Après le maïs, on s'attend généralement à
voir la récolte en blé diminuer; le grain
est beau, mais on n'a que moitié en paille;
pour peu que le maïs ne reçoive pas toutes
les cultures et les engrais qu'il exige, c'est

un des plus mauvais précédents pour le
blé.

Lorsque la récolte en trèfle a été bonne et
qu'elle a été suivie d'une belle avoine, le blé
qui succède à la céréale est souvent très-satis-
faisant, la paille seule est un peu courte. Les
bons cultivateurs s'accordent à regarder cette
succession de culture comme préférable à l'u-
sage adopté dans bien des localités, de prendre d'abord un blé après du trèfle et de placer l'avoine au dernier rang : celle-ci, ainsi
que l'on sait, s'accommode très-bien d'un gazon rompu, et, comme elle épuise fort peu
le sol, elle laisse assez de nourriture au blé,
auquel d'ailleurs les engrais décomposés conviennent mieux qu'à toute autre céréale.

Le froment après l'orge réussit mieux que
lorsque l'orge est semée à la seconde année.
Cette rotation est surtout suivie dans le canton

de Meizieux; peut-être l'emploi qu'on y fait de
la matière fécale, aide-t-il à la réussite consé-
cutive de deux grains aussi épuisants.

Enfin, froment après froment est fréquemment usité dans la vallée de Grésivaudan;
c'est la rotation habituelle des cultivateurs
qui sèment trois années de suite du chanvre;
la quatrième année, ils prennent un gros blé
et le font suivre d'un blé fin. Ce dernier vient
ordinairement très-bien; mais il est bon de se
rappeler que, pendant trois années de suite,
la terre a reçu de riches engrais, et que le
chanvre a étouffé complétement les mauvaises
herbes.

On ne sème point de froment après les
fèves dans le département de l'Isère; dans les
sols argileux, cependant, cette plante serait
un excellent précédent pour le blé; elle a le
mérite de pouvoir revenir indéfiniment sur

elle-même après une seule année d'intervalle; elle épuise très-peu le terrain, exige peu de frais de main-d'œuvre et fournit une nourriture très-abondante pour toute espèce de bétail. Le blé qui remplace les fèves est ordinairement fort beau en paille et en grains, lorsqu'on a pu semer d'assez bonne heure.

Les soins qu'exige la préparation du sol destiné à être ensemencé en froment varient suivant les localités et le genre de récoltes qui précèdent la céréale.

Le blé qui succède à une jachère a reçu ordinairement trois labours, souvent aussi quatre et cinq; l'état du sol et l'habileté du cultivateur décident du nombre des façons. Après des betteraves ou des pommes de terre, on se contente, le plus souvent, d'un seul labour suivi d'un ou deux hersages. Après des lupins, des vesces ou des sarrasins enfouis en

vert, il est d'usage de donner deux façons à
la terre qui doit porter du blé. On ne donne
qu'un seul labour après le chanvre; pour le
colza, le sol reçoit souvent deux façons. Les
bons cultivateurs commencent par faire passer
l'extirpateur sur le chaume du colza, afin de
faire germer toutes les mauvaises herbes ainsi
que les graines contenues dans le sol, et on
les détruit par le premier labour; la seconde
façon a lieu, tantôt trois semaines avant la semaille de blé, souvent aussi, immédiatement
avant de semer. Après le maïs, il est rare
qu'on donne plus d'un labour, excepté lorsqu'on écobue, ce qui arrive assez fréquemment; dans ce cas, la terre a reçu deux façons. Après le trèfle, la plupart des cultivateurs ne labourent qu'une seule fois, mais
pour cela il faut que le temps permette de
déchaumer. Ceux, en petit nombre, qui ne
prennent qu'une seule coupe de trèfle, attendent, pour le retourner, que la nouvelle

pousse soit assez avancée; ils la renversent par
un coup de charrue très-léger, et donnent encore une seconde façon avant les semailles du
blé; ce dernier labour pénètre jusqu'à 16
centimètres. Après l'orge, les uns ne donnent
qu'un seul labour, les autres donnent deux
façons; pour le froment qui succède à un
froment, la terre reçoit ordinairement deux
labours. Il est rare que le labour à blé pénètre à plus de 16 centimètres: beaucoup de
cultivateurs ne vont pas si avant; à la Côte-
Saint-André, on regarde comme avantageux
de labourer profondément sur le plateau formé
essentiellement d'argile; dans la plaine, au
contraire, composée de sable argileux, on n'a
jamais de plus beau blé qu'après une récolte
qui a donné de la consistance au sol; c'est
pourquoi on évite autant que possible les labours, et jamais on ne les donne profonds;
la plupart sèment sur labour frais. Dans les
terres sujettes à retenir l'eau, on pratique des

rigoles de distance en distance; dans toutes celles qui sont saines, on se dispense de cette précaution; les labours ont lieu à plat.

C'est un usage généralement adopté dans beaucoup de localités, de fumer immédiatement pour le blé; le plus grand nombre se servent, pour cet effet, d'engrais consommé; néanmoins, les fumiers apportent encore bien de mauvaises herbes dans la récolte; cet inconvénient disparaîtrait si l'on imitait l'excellent procédé des cultivateurs qui préfèrent appliquer leurs fumiers aux récoltes sarclées ou aux plantes fourragères qui précèdent le blé. Lorsque le blé succède au maïs, il est d'usage de donner une demi-fumure à la seconde récolte. Il vaudrait mieux, dans la plupart des cas, réserver l'engrais pour le maïs; les binages que reçoit cette plante, détruiraient les plantes parasites, et laisseraient place nette au blé en même temps que le sol conserverait assez de richesse pour assurer le succès de la récolte.

L'époque des semailles offre des différences sensibles, non-seulement d'après les diverses natures de sol et de climat, mais surtout d'après les habitudes locales. Règle générale : les sols les plus pauvres doivent être semés les premiers, et les semailles hâtives, dans la plupart des cas, sont regardées comme le plus sûr moyen d'avoir de bonnes récoltes. Dans l'arrondissement de Vienne, les uns sèment du 1er octobre au 1er novembre, les autres prolongent la durée des semailles jusque dans le mois de novembre; quelques-uns sèment depuis le 28 septembre jusqu'au 11 novembre; l'époque la plus favorable dans le canton de Vienne, est du 15 septembre au 15 octobre; une partie des communes du canton de Saint-Jean-de-Bournay, commencent à semer vers le 25 septembre; les autres communes atten-

dent le mois d'octobre et continuent les semailles jusqu'à la Saint-Michel. A la Côte-
Saint-André, on regarde comme la meilleure époque pour les semailles le temps qui
s'écoule entre le 15 septembre et le 15 octobre; passé cette époque, le blé court de
grands risques.

A Pont-Chéry, dans l'arrondissement de la
Tour-du-Pin, les semailles commencent depuis le 20 septembre jusqu'à la fin de novembre; ce dernier terme, cependant, passe pour
trop reculé. Dans le canton de Morestel, on
sème depuis le 20 septembre jusqu'à la fin
l'octobre; dans les terres hautes d'Avesnières
(terres légères), on sème aussitôt que le sol
est labouré; dans les terres basses (terres fortes
d'alluvion, argilo-marneuses), on attend la
pluie pour semer; dans les cantons de Bourgoin et de Latour-du-Pin, on sème, dans la
plaine, à partir des premiers jours d'octobre,

et l'on regarde comme nécessaire d'avoir terminé les semailles vers le 11 novembre; quelquefois cependant on ne les achève qu'à la fin de ce mois; mais les semailles précoces donnent de plus belles récoltes. Dans les coteaux, il est indispensable d'avoir fait les semailles avant la fin d'octobre. On commence souvent à semer dans la dernière quinzaine de septembre. Dans le canton de Virieu, on commence à semer les blés au 1er septembre; dans le canton de Saint-Geoire, les semailles ont également lieu de très-bonne heure, les terres fortes de ces contrées exigeant cette précaution; on les désigne sous le nom de terres froides.

Dans l'arrondissement de Saint-Marcellin, on sème généralement les blés depuis la fin de septembre jusqu'à la fin d'octobre; les terres légères ne sont souvent ensemencées que dans la première quinzaine de novembre, sans qu'on ait à souffrir de ce retard. Dans les terres fortes de l'arrondissement, on tâche, autant que possible, d'avoir terminé les semailles vers le 15 octobre ; elles commencent souvent au 8 septembre ; on sème sur labours frais ; dans l'arrondissement de Grenoble, les semailles ont lieu généralemeut depuis le 15 septembre jusqu'à la fin d'octobre ; au Sapey, les semailles commencent dès le 15 août ; à Saint-Laurent-du-Pont, elles ont lieu vers la fin d'août, jusqu'en novembre. Les semailles précoces donnent toujours les plus beaux produits. Dans la vallée de Grésivaudan, le blé se sème depuis la fin de septembre jusqu'à la fin d'octobre ; à Uriage, les semailles commencent à partir du 15 septembre jusqu'au 1er novembre ; en général, les semailles sont d'autant plus précoces, et finissent d'autant plus tôt, qu'on s'élève davantage dans la montagne.

La quantité de blé qu'on sème par hectare offre assez d'uniformité dans tous les arrondissements ; il existe cependant des différences notables sous ce rapport. Dans le canton de Meizieux (arrondissement de Vienne) on sème de 200 à 250 litres par hectare ; à Heyrieux, on met 175 litres par hectare ; à la Verpillière, on répand 225 litres ; dans le canton de Saint-Symphorien et de Vienne, on met 200 litres pour la même mesure ; dans le canton de Saint-Jean-de-Bournay, on sème dans la proportion de 225 litres ; à la Côte-Saint-André, on emploie 3 hectolitres pour les terres légères de la plaine, et 250 litres seulement pour les terres fortes du plateau. Dans le canton de Crémieux (arrondissement de la Tour-du-Pin), on sème 250 litres par hectare ; dans le canton de Morestel, on répand environ 300 litres, mais les bons cultivateurs ne mettent souvent que 200 litres. Dans les cantons de Bourgoin et de la Tour-du-Pin , on ensemence les terres de la plaine dans la proportion de 250 à 300 litres par hectare, et celles du coteau dans la proportion de 300 à 400 litres pour la même mesure.

Dans l'arrondissement de Saint-Marcellin, la proportion moyenne est de 250 litres par hectare. Dans celui de Grenoble, les uns sèment dans la proportion de 230 litres par hectare, les autres ménagent davantage la semence quand la terre a été préparée en temps opportun et qu'elle a été suffisamment fumée. Au Bourg - d'Oisans, on sème extrêmement épais ; à Chichilliane, on met 350 litres par hectare, mais il y a abus ; à Saint-Laurent-du-Pont, on emploie 300 litres par hectare ; dans la vallée de Grésivaudan, on sème dans la proportion de 320 litres de gros blé par hectare ; pour le blé fin, on met jusqu'à 390 lit. Cette dernière variété, à Villars-Bonont, rapporte moitié moins que l'autre ; on la place ordinairement dans les terres qui ne sont pas assez riches pour produire du blé gros. A Uriage, on met 3 hectolitres environ de semence par hectare.

Le blé se sème presque partout à la volée; les cultivateurs qui font usage du semoir peuvent être cités comme de véritables exceptions; les uns s'applaudissent beaucoup de cet instrument, les autres le regardent comme fort imparfait. Si on laissait de côté les frais d'achat de cet instrument, la perte de temps qu'il occasionne et l'attention minutieuse qu'il exige de la part de celui qui le conduit, peut-être le verrait-on avec plus de faveur; toujours est-il que les produits qu'on obtient du blé semé au semoir sont plus abondants que ceux du blé semé à la volée; la paille surtout est plus ferme et plus élevée que par la méthode ordinaire. L'usage presque général dans l'Isère est de semer le blé sur labour frais ; il est rare qu'avant de faire passer la charrue dans le champ on lui donne un coup de herse ; cette opération cependant, faite quelques jours à l'avance, aurait pour avantage de faire germer les mauvaises herbes, qu'on détruirait ensuite par le labour. Dans les sols argilo-siliceux on aime assez que le blé repose sur un fonds un peu ferme; dans les sols lourds et froids on veut qu'il trouve une terre bien ameublie; voilà pourquoi, dans certaines localités, on évite de labourer au delà de 10 centimètres, tandis qu'ailleurs on trouve que le blé ne réussit jamais mieux que lorsque la terre a reçu un labour de 16 à 18 centimètres de profondeur. On enterre à la herse ou sous raie, selon la nature du sol et l'état de la température. La plupart des terres à blé du département étant formées par des alluvions plus riches en silice qu'en argile, il est rare que le sol ensemencé ait besoin d'être assaini pendant l'hiver ; dans certains cantons, cependant, cette opération serait nécessaire ; tels sont, entre autres, ceux de Saint-Geoire, de Virieu, de Saint-Laurent-du-Pont, ainsi que les plateaux de la Côte-Saint-André, du canton de Bourgoin, et les parties basses de l'arrondissement de la Tour-du-Pin. Les cultivateurs éclairés ne manquent jamais de faire tirer des rigoles d'écoulement dans leurs champs et de les visiter de temps en temps pendant l'hiver.

L'usage de herser les blés au printemps est loin d'être général dans le département de l'Isère ; on y supplée, il est vrai par le sarclage ; mais pour peu que les pièces soient étendues, cette opération devient fort coûteuse. Aussi s'en dispense-t-on souvent, ou du moins le sarclage est-il fort mal exécuté. Il en résulte que les récoltes laissent beaucoup à désirer sous le rapport de la netteté dans une foule de communes. Les mauvaises herbes qu'on rencontre le plus fréquemment dans les blés, sont : la folle avoine (*avena fatua*), l'agrostide des champs (*agrostis spicaventi*), l'avoine à chapelet (*avena precatoria* la moutarde des champs (*sinapis arvensis*), le chardon penché (*carduus nutans*), le brome stérile (*bromus sterilis*), la serratule champêtre (*serratula arvensis*), le liseron (*convolvulus arvensis*), le coquelicot (*papaver rheas*), la nielle (*agrostemma gitago*), le bleuet (*centaurea cyanus*), la luzerne faucille (*medicago falcata*), l'ibéride (*iberis amara*), la coronille (*coronilla varia*) le mélampyre (*melampyrum arvense*), le miroir de Vénus (*prisma tocarpus speculum*), la camomille (*anthemis arvensis*), la vipérine (*echium vulgare*), l'ivraie enivrante (*lolium temulentum*), etc.

L'emploi du rouleau sur les blés n'est point ignoré dans le département; toutefois on ne s'en sert que chez les cultivateurs les plus habiles. L'effanage n'a lieu également que par exception, car il est rare que les blés s'emportent au point de nécessiter ce retranchement. Dans le canton de la Tour-du-Pin on a remédié quelquefois à cet inconvénient en faisant pâturer rapidement la semaille par les moutons. Dans celui de Vienne on emploie le plus souvent la faucille pour cette opération ; on a remarqué que lorsqu'il survient un temps sec après l'affanage, la croissance du blé s'en trouve très-retardée.

L'époque de la moisson est à peu près la même pour tous les arrondissements ; elle varie seulement de quelques jours dans les parties basses et les localités élevées. Elle coïncide, en général, avec la première quinzaine de juillet. Un grand nombre de cultivateurs de ce département n'attendent pas, pour récolter, que le blé soit entièrement mûr, il leur suffit que le grain soit bien farineux ; d'autres, au contraire, veulent que le blé ait atteint sa complète maturité avant qu'on y mette les moissonneurs. La première méthode est sans contredit préférable toutes les fois que le blé récolté doit être livré au commerce et ne doit pas servir de grain de semence.

Le blé se coupe de deux manières ; avec la faucille désignée généralement sous le nom de *volant*, ou avec la faulx ; les faucheurs de la montagne sont si habiles qu'ils n'ont pas besoin d'aides pour rassembler les javelles ; le même homme qui fauche, range en même temps fort adroitement les gerbes coupées, avec son pied gauche, sans que celles-ci courent le risque d'être égrenées.

Dans la vallée de Grésivaudan, on commence souvent par couper la récolte avec la faucille à mi-chaume, et, lorsque l'herbe est arrivée à une certaine hauteur, on fauche le tout pour servir de nourriture au bétail.

La dessiccation de la récolte sur le sol, avant de la rentrer, offre plusieurs procédés dignes de remarque. Dans le canton de Meizieux, quand le temps est bien sec et que le blé ne contient pas de mauvaises herbes, la récolte coupée le matin est liée vers le soir. Lorsque la paille n'est pas suffisamment sèche, on dispose la récolte en croix de 12 gerbes, pesant chacune environ 8 à 9 kilogrammes, on les met ensuite en meules dans le champ même, jusqu'au moment où l'on procède au battage. Cette dernière opération s'effectue sur une aire en plein soleil, depuis la fin de juillet jusqu'à la mi-septembre; la paille est conservée en meules que l'on soutient avec des perches et des liens, pour les défendre contre les orages. Dans le canton de Saint-Symphorien, les javelles restent en croix pendant deux ou trois jours, après ce temps, on en forme des meules ou gerbiers, dans lesquels on puise au fur et à mesure du battage, lors qu'on n'engrange pas immédiatement la récolte. On bat sur l'aire, au moyen du fléau. Dans quelques localités, l'aire est ainsi construite : on défonce, à un fer de bêche, le terrain sur lequel on veut l'établir; on aplanit ensuite le sol, à l'aide d'une planche traversée par un manche dans son milieu. Dans certaines contrées, l'aire est d'abord ratissée, on la mouille ensuite, afin que la terre durcisse. Jamais, l'emplacement qu'on y affecte ne change de destination. Un grand nombre de communes de l'arrondissement battent en grange, et, seulement pendant l'hiver; les autres battent aussitôt après la moisson et en plein air. A la Côte-Saint-André, la récolte reste en gerbier jusqu'à l'hiver; ceux qui veulent prendre une récolte dérobée, labourent entre les meules; on bat, généralement, au fléau, dans ce canton.

Dans le canton de Crémieux (arrondisse

ment de Vienne), lorsqu'on coupe un peu sur le vert, le blé reste vingt-quatre heures en javelles; quand il est bien mûr, on le lie aussitôt et on le met en croix contenant trente à quarante gerbes, on bat immédiatement sur l'aire, qui est enduite d'une couche de glaise. Sur les bords du Rhône, du côté de la Balme, quand le mauvais temps surprend le blé étendu en javelles, on retourne les gerbes de temps en temps avec une perche, et, lorsqu'elles sont suffisamment sèches, on en fait des meules, qui contiennent depuis 200 jusqu'à 600 gerbes; elles restent exposées à l'air jusqu'à la fin de septembre; on les rentre, alors, à la grange, pour y être battues; les pailles sont conservées en grange. Le même usage existe dans le canton de Morestel. Dans les cantons de Bourgoin et de la Tour-du-Pin, la récolte subit ordinairement un jour de javelage; après ce temps, on la rentre aussitôt en grange, elle est battue

pendant l'hiver. Dans le canton de Beauvoi-
sin, on laisse la récolte javeler pendant deux
ou trois jours avant de la rentrer.

Dans l'arrondissement de Saint-Marcellin,
on laisse la récolte pendant un jour sur le
sol, quand on ne peut la lier aussitôt, puis
on la met en croix de douze gerbes; on la
conserve en meules et en granges, le battage
a lieu au fléau. Dans plusieurs localités, on
bat le grain sur l'aire.

Dans l'arrondissement de Grenoble, tantôt on met le blé en moyettes, après qu'il a
javelé pendant un jour sur le sol; tantôt on
le conduit immédiatement à la grange, pour
être battu l'hiver.

Le rendement du blé varie beaucoup,
non-seulement dans chaque arrondissement,
mais aussi d'après chaque cultivateur.

Dans l'arrondissement de Vienne, les uns obtiennent six à sept fois la semence, les autres obtiennent dix et douze pour un. A la Côte-Saint-André, on récolte huit pour un dans la plaine, et dix, sur le plateau; quelques-uns, en petit nombre, ont quinze fois la semence. Dans l'arrondissement de la Tour-du-Pin, le rendement varie depuis six fois jusqu'à neuf et douze fois la semence. Dans les cantons de Bourgoin et de la Tour-du-Pin, les bonnes terres de la plaine rendent, ordinairement, vingt à vingt-cinq hectolitres par hectare, quelquefois, quarante, mais, souvent, trente; sur les coteaux, on ne peut compter que sur seize à vingt et un hectolitres.

Dans l'arrondissement de Saint-Marcellin, on estime le rendement moyen des bonnes terres, à douze ou quinze fois la semence; les terres légères ainsi que les terres tenaces ne donnent, souvent, que cinq ou six fois la se-

mence. Ceux qui obtiennent moins feraient
mieux de remplacer la culture du blé par
celle du seigle.

Enfin, dans l'arrondissement de Grenoble,
la montagne obtient un rendement moyen
de cinq à six pour un ; dans la vallée de Grésivaudan, il n'est pas rare d'avoir douze et
quize pour un, surtout en gros blé (godelle);
le blé fin, semé généralement dans les terres
plus légères ou moins fertiles, donne moins
de produits.

SEIGLE.

La variété de seigle la plus estimée, dans
le département de l'Isère, est celle qui pro-
vient de Saint-Bonnet (Hautes-Alpes); on a
remarqué qu'elle donnait de plus beaux produits à la seconde année de la semaille, que
dans la première année. Le seigle succède,

le plus souvent, aux pommes de terre, au chanvre, au gros blé, quelquefois au colza et au trèfle dans les terres trop légères pour porter le blé. Après le trèfle, les pommes de terre, le chanvre, on ne lui donne qu'un seul labour; lorsqu'il remplace le blé gros, le colza, ou qu'il vient sur jachère, il reçoit, ordinairement, trois façons. Dans beaucoup de contrées, on a soin de semer le seigle par un temps très-sec; on regarde aussi comme nécessaire de le confier à un sol bien meuble. L'époque de la semaille varie suivant les arrondissements. Dans celui de Vienne, on sème le seigle depuis le 20 septembre jusqu'au 10 novembre. Dans le canton de Saint-Symphorien, les semailles n'ont souvent lieu qu'à la Toussaint, et se prolongent, parfois, jusqu'en décembre, mais il faut alors des temps bien favorables pour qu'il réussisse.

Dans le canton de Crémieux (arrondissement de Vienne), les semailles de seigle commencent, généralement, dans la dernière quinzaine de septembre; sur les bords du Rhône, dans un sol sablonneux, elles se prolongent jusqu'à Noël; dans le canton de Morestel, on commence par semer le seigle vers le 20 septembre. Dans les cantons de Bourgoin et de la Tour-du-Pin, on ensemence les terres de la plaine en seigle dans le courant d'octobre; pour les terres fortes des coteaux, on commence vers le 15 septembre.

Dans l'arrondissement de Saint-Marcellin, les terres de sable sont ensemencées jusque dans le courant du mois de novembre. A Roybon (terres fortes), on le sème depuis le 29 septembre jusqu'au 1er novembre; les semailles précoces sont regardées comme les meilleures.

Dans l'arrondissement de Grenoble, le seigle se sème, dans la plaine, vers la fin de septembre et pendant le mois d'octobre ; dans la haute montagne, on commence les semailles vers la fin de juillet et dans la première quinzaine d'août. La quantité de semence employée est assez uniforme dans les diverses localités ; en général, plus la semaille est précoce, moins on emploie de grain, *et vice versa*. Dans l'arrondissement de Vienne, on sème dans la proportion de 180 à 225 litres par hectare ; sur les bords du Rhône, on emploie 240 litres. Dans les terres de la plaine, à Bourgoin et à la Tour-du-Pin, on sème 2 hectolitres de seigle par hectare ; sur les coteaux, on en met jusqu'à 3 hectolitres. Dans l'arrondissement de Saint-Marcellin, on sème depuis 250 jusqu'à 300 litres de seigle par hectare ; dans celui de Grenoble, les uns mettent 3 hectolitres, les autres, seulement 2 hectolitres 40 litres.

Les opinions sont partagées sur l'épaisseur de terre qu'il faut donner à la semaille du seigle ; on les concilie cependant quand on tient compte des différentes natures de sol et de climat en vue desquelles on procède. Dans une terre très-légère on préfère enfouir le grain à la charrue, le sol conserve ainsi plus longtemps sa fraîcheur, la germination s'opère plus vite, les hâles et les gelées causent moins de torts à la récolte ; dans les terrains doués d'une certaine consistance, on aime mieux, en général, enterrer la semence à la herse, partout où cela est possible : on obtient de cette manière un travail meilleur et plus prompt. Les terres à seigle, étant généralement très-saines, n'ont pas besoin de travaux d'assainissement pour l'hiver, aussi les laisse-t-on telles que le labour de semaille les a disposées. Nulle part on ne roule et l'on ne herse le seigle en printemps ; à cette époque, il est sujet, dans les bas-fonds surtout, à souffrir des gelées blanches qui altèrent plus ou moins les épis et les frappent de stérilité. Le sarclage n'est pas pratiqué, cette opération cependant serait fort utile au seigle quand il succède à un froment, ce qui arrive fréquemment. Le seigle mûrit généralement dans la dernière quinzaine de juin; la plupart des cultivateurs le coupent à la faucille; dans beaucoup de localités, néanmoins, on se sert de la faux. Le seigle reste communement 24 heures en javelles; on le lie immédiatement quand il est bien sec; avant de le mettre en meules ou de l'engranger, on dispose la récolte en croix; les uns battent ensuite sur l'aire, les autres dans la grange : cette dernière opération se pratique généralement dans la montagne. Le rendement moyen du seigle dans le département ne dépasse pas six ou huit pour un; dans plusieurs localités on n'obtient souvent que cinq.

MÉTEIL.

On fait peu de méteil dans le département
de l'Isère, cependant le sol, dans beaucoup
de localités, conviendrait plutôt à ce genre
de produits qu'à du blé pur. On sait qu'une
des propriétés les plus remarquables du méteil est de réussir plus sûrement que toute
autre espèce de céréale semée isolément ; il
ne verse pas aussi facilement ; suivant plusieurs cultivateurs, s'il ne donne pas plus de
grain que le seigle et le froment, il rend plus
de paille, circonstance importante dans un
pays où le défaut d'engrais se fait sentir ; on
dit aussi que, de cette manière, le seigle est
moins exposé au miellat et à la coulure, et
que le blé est également moins sujet à la
carie. En général, le méteil se compose de
moitié blé et moitié seigle ; lorsque la terre
n'est pas en assez bon état pour suppor-

ter cette proportion, on ne met qu'un tiers de la semence en blé et le reste en seigle. L'époque de la semaille est à peu près la même que pour le froment, avec cette différence, toutefois, qu'on évite de semer à l'arrière-saison ; pendant sa végétation, le méteil ne reçoit communément aucun soin ; la récolte a lieu à la fin de juin et dans la première quinzaine de juillet ; elle s'effectue de même que pour le blé et le seigle. Le rendement moyen est porté à sept pour un là où l'on n'obtiendrait que cinq pour un en semant du blé ou du seigle pur.

ORGE D'HIVER.

On cultive deux variétés d'orge dans l'Isère : l'orge d'hiver ou *escourgeon*, et l'orge de printemps à deux rangs.

Orge d'hiver. Cette espèce réussit très-bien

dans les sols d'alluvion, elle vient encore avec succès dans les terres silico-argileuses en bon état de fertilité, mais dans ce dernier sol, si la température de l'année est trop sèche, sa culture est chanceuse. L'orge ne vient jamais mieux qu'après une récolte de fourrage annuel, on la place aussi quelquefois après un blé; mais elle rend alors beaucoup moins et achève d'épuiser et de salir le sol quand on ne fume pas directement pour la deuxième céréale. Dans la plupart des localités, on prépare la terre par deux ou trois labours dont le plus profond n'excède pas 16 centimètres; on ne fume pour cette plante qu'aux environs des villes où les engrais de toute nature se trouvent en abondance. L'orge d'hiver se sème ordinairement dans le courant de septembre ; les uns emploient 120 litres de semence par hectare, les autres mettent 150 litres, quelques-uns sèment dans la proportion de 175 litres par hectare. Tantôt on couvre la semence par un ou deux traits de herse, tantôt aussi par un coup de charrue, rarement suivi d'un hersage; cette façon complémentaire serait cependant utile pour répartir également les grains et les empêcher d'être disposés en lignes. Au printemps on ne herse et l'on ne bine pas l'orge, c'est à peine même si quelques cultivateurs la sarclent quand elle est envahie par les mauvaises herbes. L'orge d'hiver, quand elle est semée de bonne heure, talle avec force dès l'automne, et monte promptement en épis au printemps : lorsqu'elle a souffert des gelées, il suffit d'y répandre de la colombine pour lui rendre sa vigueur, la chaleur de l'atmosphère lui donne bientôt une belle apparence. La maturité de l'orge d'hiver s'effectue généralement vers la fin de juin ou les premiers jours de juillet dans les parties élevées. On la coupe le plus communément avec la faucille, elle reste en javelles pendant un ou deux jours, après ce temps on la lie et on la dispose en croix sur le champ. Le rendement varie depuis huit jusqu'à quinze pour un.

Orge de printemps. Cette espèce se sème dans plusieurs cantons du département depuis la fin de mars jusqu'au 15 de mai, dans la proportion de 125 à 150 litres par hectare. Sa culture et sa récolte sont les mêmes que pour l'orge d'hiver. La moisson arrive à la fin de juillet ou dans la première quinzaine d'août, suivant que les localités sont plus ou moins élevées. Le plus fort rendement que donne l'orge à deux rangs a lieu lorsque la plante succède à une récolte sarclée et fumée, telle que des pommes de terre ou des betteraves.

AVOINE.

La culture de l'avoine est généralement assez bien entendue dans le département de

l'Isère; les variétés les plus communes sont :
l'avoine blanche, l'avoine noire et l'avoine
dite de Hongrie, que l'on sème à l'automne.
L'avoine blanche passe pour être plus pro-
ductive et pour donner un grain plus lourd;
on estime qu'elle pèse, par décalitre, 1 kilogramme de plus que l'avoine noire. L'avoine
de Hongrie est regardée comme excellente
dans les sols qui offrent de la consistance.
L'avoine passe pour n'être pas difficile sur la
nature du sol; on la trouve en effet dans les
sols argileux, dans des sables presque sans
consistance et dans les terrains tourbeux. Ces
derniers, quand ils sont suffisamment liés,
sont ceux où elle prospère le mieux. Cette
propriété de résister à l'humidité et à l'aci-
dité du sol est cause qu'elle forme, dans
beaucoup de bas-fonds, l'objet principal de
la culture; tels sont, entre autres, les marais
de Bourgoin. L'avoine se montre aussi peu
difficile sur les précédents que sur le sol

lui-même; elle vient après toutes les récoltes
et même après elle-même; mais sa véritable
place est après une récolte sarclée, fumée,
et surtout sur un défrichement de trèfle. Il
est rare qu'on fume directement pour l'avoine;
cependant, ceux qui lui appliquent l'engrais
se trouvent bien de lui consacrer le fumier
frais. On sait que dans l'assolement triennal
cette plante succède au froment, lequel profite directement de la fumure, et ne laisse à
l'avoine que les détritus qu'il ne s'est point
assimilés; cette dernière, toutefois, s'en contente et réussit assez bien lorsque le sol n'est
point infesté de mauvaises herbes. Les prépa-
rationsque reçoit la terre destinée à être ensemencée en avoine varient suivant les localités : tantôt on la sème sur un simple labour
donné à l'automne, suivi d'un labour d'enfouis-
sement au printemps; tantôt on laboure deux
fois en hiver et une seule fois au printemps; le plus souvent, le sol reçoit trois fa-

çons : la première à l'automne et les deux autres au printemps. L'état du sol, la température de l'atmosphère et souvent aussi le plus ou moins de soin du cultivateur expliquent cette différence.

Il est d'expérience, dans le département de l'Isère, que, plus tôt l'avoine est en terre, plus abondants sont ses produits, en supposant toutefois des chances égales de température; pour les terrains secs, surtout, cette circonstance est très-importante, car la germination de l'avoine exige une certaine humidité, et il faut, autant que possible, profiter de celle que l'hiver a accumulée dans le sol, afin que la plante ait le temps de taller et de couvrir le terrain avant que celui-ci soit desséché. L'époque des semailles et la quantité de semence qu'on répand par hectare varient suivant les arrondissements. L'avoine d'hiver est ordinairement semée dans le courant de septembre; chez beaucoup de cultivateurs, cette semaille précède celle du seigle. Dans le canton de Meizieux, les uns sèment l'avoine de printemps dès le mois de février, les autres font leurs semailles dans le mois de mars et jusqu'au 15 avril. On prépare le sol par deux ou trois hersages, on sème 175 litres par hectare, et l'on enterre sous raies. Dans le canton de Saint-Symphorien, les semailles ont lieu en mars; on met 165 litres par hectare. Dans le canton de Crémieux, arrondissement de la Tour-du-Pin, on sème dans la proportion de 200 litres par hectare. Dans le canton de Morestel, on emploie de 150 à 225 litres; dans ceux de Bourgoin et de la Tour-du-Pin, on met depuis 120 jusqu'à 200 litres sur les coteaux; dans les marais, on répand un cinquième de plus de semence. Au Pont-de-Beauvoisin ainsi qu'à Virieu, on croit que l'avoine doit être semée plus claire que le froment. Dans l'arrondissement de Saint-Marcellin, on sème ordinairement l'avoine en mars, sur un seul labour, dans la proportion de 200 à 250 litres par hectare, on l'enterre par un seul coup de herse. A Roybon, on met jusqu'à 350 litres de semence par hectare. Dans l'arrondissement de Grenoble, l'avoine n'est guère cultivée que dans la montagne. Au Bourg-d'Oisans, on sème aussitôt que la neige est fondue ; dans les autres localités, les semailles commencent avec le mois de mars, et se prolongent jusqu'en avril ; on emploie environ 400 litres par hectare. Au Sapey, les semailles n'ont souvent lieu que dans le courant de mai.

Dans aucune localité du département, il n'est pas d'usage de herser l'avoine quelque temps après sa levée. Cette opération offrirait le double avantage de détruire les mauvaises herbes et d'ameublir le sol, circonstance importante pour la réussite de l'avoine, et sur-

14.

tout par la prospérité des récoltes suivantes.
Ce n'est que par exception qu'un petit nombre
de cultivateurs éclairés ont adopté cette excellente pratique ; ils devraient être imités partout. Il en est de même de l'action du rouleau : appliqué lorsque les plantes ont atteint
5 centimètres, il arrête la croissance en hauteur et favorise la croissance des mérithalles,
en même temps que la pression de la terre
contre les nœuds inférieurs favorise la multi-
plication d'un plus grand nombre de racines.
La maturité de l'avoine s'effectue dans la dernière quinzaine de juillet dans l'arrondissement de Vienne, et dans les mois d'août et
de septembre dans les trois autres arrondissements. On la coupe avec la faux ou avec la
faucille ; ce dernier instrument est le plus
employé dans les arrondissements de Saint-
Marcellin, de Vienne et de la Tour-du-Pin.
Il est d'usage de ne pas attendre la maturité
parfaite des grains pour commencer la mois-

son; dès que les deux tiers ont atteint leur croissance, on coupe l'avoine. Tous les cultivateurs pratiquent le javelage, mais d'une manière très-raisonnée. Il est rare que les javelles restent plus de huit jours sur le sol; beaucoup ne les y laissent que deux ou trois jours. Après ce temps, on lie l'avoine et on la porte sur l'aire, où elle est battue immédiatement. Lorsqu'il vient à pleuvoir tandis que les javelles sont étendues dans les champs, on les laisse se ressuyer pendant vingt-quatre heures, et on a soin ensuite de les retourner avec une fourche ou une gaule. Dans beaucoup de localités de la montagne, le battage de l'avoine n'a lieu que pendant l'hiver, dans la grange. La récolte, dans plusieurs cantons, est mise temporairement en meules près de l'exploitation. Le rendement de l'avoine est très-variable; les uns le portent, en moyenne, à 12 pour un, d'autres à 15 et à 20. Dans les bons fonds de l'arrondissement de Vienne, on l'estime à 15 ou 20 hectolitres par hectare pour la plaine, et à 35 ou 40 hectolitres sur les coteaux. Dans les marais desséchés de Bourgoin, on obtient souvent de 40 à 60 hectolitres par hectare; sur les coteaux, de 30 à 50 hectolitres, mais celle-ci a plus de qualité que l'autre. Dans l'arrondissement de Saint-Marcellin, le rendement moyen est évalué 12 ou 15 pour un; les localités de la montagne où l'on cultive l'avoine, dans l'arrondissement de Grenoble, ne comptent guère que sur un rendement moyen de 8 à 10 pour un.

MAÏS.

Le maïs est cultivé dans tous les arrondissements du département; mais dans aucun d'eux il n'occupe un rang aussi important que les autres céréales. Beaucoup de cultivateurs même, n'en sèment que pour les besoins

de leur exploitation. Il réussit particulièrement dans les terres argilo-siliceuses; néanmoins, on le place généralement aussi dans
des sols de moindre qualité, tels sont, entre
autres, les terrains sablonneux des cantons de
Crémieux et de quelques localités de l'arrondissement de Vienne; dans la vallée de Grésivaudan ainsi que sur les bords de l'Isère,
dans l'arrondissement de Saint-Marcellin, il
occupe les meilleurs fonds; sa culture alterne
avec celle du chanvre, du trèfle et du froment.

Le maïs est regardé comme un médiocre
précédent pour le froment, sans doute à
cause de sa maturité tardive et du peu de
temps qu'il laisse pour donner au sol les
préparations convenables; en revanche, il précède avantageusement tous les grains de printemps; dans les sols sablonneux où la récolte
du maïs peut s'effectuer de bonne heure, le
seigle lui succède sans inconvénient

Les procédés de culture offrent quelques différences suivant les localités.

Dans l'arrondissement de Vienne, on prépare la terre par deux labours. Les uns fument pour le maïs, les autres s'en dispensent.

Dans le canton de Crémieux, on commence par donner un labour avant l'hiver, au printemps on donne une seconde façon; lorsque le temps des semailles est venu, on ouvre la terre par un troisième labour, et l'on plante derrière la charrue, soit avec une pioche, soit avec le rayonneur. Dans ce cas, on dispose la semaille en quinconce; les raies sont espacées à 65 centimètres les unes des autres. On ne fume pas pour cette récolte, mais le grain qui lui succède est toujours fumé. Il vaudrait mieux, dans la plupart des cas, adopter une marche inverse, dont le principal avantage serait de laisser le terrain plus net de mauvaises herbes. Les semailles ont lieu dans la dernière quinzaine d'avril.

Dans les terres sablonneuses des bords du Rhône, on ne laboure pas avant l'hiver, on ne fume pas; on donne un seul labour du 15 au 25 avril, et l'on sème dans la raie ouverte par la charrue; quelques-uns se servent aussi de la pioche pour mettre le grain en terre; on ensemence de deux raies l'une, en plaçant deux grains dans chaque trou. Toutes les raies sont à la distance de 50 à 60 centimètres les unes des autres.

Dans le canton de Morestel, on commence par écroûter le sol à l'aide d'un labour très-superficiel; on brûle la couche de gazon; peu de temps après, on donne un second labour léger, et un troisième labour, au moment de la plantation; on n'ensemence que chaque troisième raie.

Dans le canton de Bourgoin, on donne deux labours, la semaille a lieu dans la dernière quinzaine d'avril; on ensemence toutes les deux raies.

Dans l'arrondissement de Saint-Marcellin, le sol destiné au maïs reçoit communément deux labours; on fume très-énergiquement. La semaille a lieu au mois d'avril; tous les plants se trouvent en lignes espacées de 65 centimètres environ.

Dans la vallée de Grésivaudan, on donne trois labours, dont un au moins très-profond; on ne laboure pas avant l'hiver; on fume; les grains sont mis en terre dans le courant d'avril, les lignes sont à 5o centimètres les unes des autres.

La distance du grain dans les lignes n'est pas la même partout; en général les pieds se trouvent trop rapprochés les uns des autres:

chez un grand nombre de cultivateurs, elles sont de 3o à 5o centimètres, circonstance fâcheuse, car cette distance empêche les tiges de prendre tout leur développement, et, par suite, nuit à la grosseur et à la qualité des épis; on croit, par le rapprochement des tiges, multiplier les produits, et l'on fait précisément le contraire de ce qu'il faudrait faire pour augmenter la récolte: l'air et la lumière doivent circuler librement pour que les épis atteignent toute leur perfection.

Il est d'usage, dans le département, de biner le maïs aussitôt qu'il est parvenu à 18 centimètres de hauteur. Cette façon s'exécute ordinairement quatre ou cinq semaines après la plantation. Plusieurs cultivateurs commencent déjà à cette époque à dédoubler les plants surabondants; plus on retarde cette opération, plus la récolte en éprouve de dommage; on devrait, suivant nous, l'effectuer aussitôt que la température ne fait plus craindre de gelées, et qu'on est assuré que tous les grains levés son bien sains et peuvent parcourir le cercle de leur végétation. Le buttage a lieu quinze jours après le binage; il se pratique généralement avec la pioche ou la charrue. D'après le docteur Bürger, auquel on doit un excellent traité sur la culture du maïs, le meilleur traitement qu'on puisse adopter pour la réussite de cette plante, est le suivant : le premier binage doit se donner à la main aussitôt que le maïs à 16 centimètres de hauteur; il n'a lieu que dans les lignes, afin de débarrasser le plant des mauvaises herbes qui gênent sa croissance; l'intervalle qui sépare les lignes est biné avec la houe à cheval. Lorsque le maïs a 24 centimètres de hauteur, on renouvelle cette dernière opération, mais en faisant pénétrer l'instrument plus profondément; quand les plants ont atteint 30 centimètres d'élévation, on passe une première fois le buttoir, de manière à chausser légèrement les tiges ; vingt-cinq jours après, on butte une seconde fois, en ayant soin que la ligne buttée présente une toiture à deux pans très-inclinés. Cette méthode s'exécute avec autant de facilité que d'économie, à l'aide de la houe à cheval et du buttoir ; l'emploi des ces instruments est absolument nécessaire quand on veut obtenir du maïs le plus fort rendement possible, tout en évitant les frais considérables du travail fait à la main. L'opération du buttage terminée, on n'a plus rien à faire au maïs avant la floraison. La plupart des cultivateurs, lorsque les panicules sont défleuries et que les stigmates se trouvent suffisamment fécondés par la poussière pollinique, coupent l'extrémité supérieure de sa tige, et la donnent en vert au bétail ou la font sécher pour servir de provision d'hiver. Ce retranchement a lieu au mois d'août ; les plus soigneux ont l'attention, en

même temps, d'enlever tous les épis secondaires, qui ne feraient qu'affaiblir la plante
sans augmenter la récolte ; ils ne laissent, en
général, que deux épis sur chaque tige. La
récolte du maïs coïncide généralement avec
la fin du mois de septembre ; dans plusieurs
localités, cependant, elle ne commence que
dans la dernière quinzaine d'octobre. Les uns
coupent les épis avec une serpette ou une faucille, les autres se contentent de tordre l'épi
sur lui-même. L'épi enlevé, on ne laisse à
la tête que deux ou trois feuilles qu'on re-
trousse ; on les lie en paquets et on suspend
le tout sur des perches placées au-dessous du
toit, sous des hangars, dans des granges, ou
dans les greniers. Les tiges ne sont coupées
que lorsque la récolte des épis est entièrement terminée ; quelques-uns les coupent
avec une serpette, la plupart se servent de la
faux pour les détacher du sol ; on les répand dans les cours en guise de matériaux

propres à fabriquer du fumier, ou bien on les emploie comme engrais ligneux pour les mûriers; dans ce dernier cas, les tiges sont coupées par petits morceaux, et déposées dans une fosse creusée au pied des arbres. Le rendement moyen du maïs est porté à 20 ou 25 hectolitres par hectare dans les terres de moyenne fertilité; il s'élève beaucoup plus haut dans les sols riches et bien cultivés.

SARRASIN.

Le sarrasin, désigné généralement sous le nom de *blé noir,* dans le département de l'Isère, est plutôt cultivé en seconde récolte qu'en récolte principale. Cette plante se plaît dans les sols légers et chauds qui possèdent une certaine richesse; elle vient moins bien dans les terrains forts ou dans les sols humides; sa végétation devient alors trop foliacée au détriment du grain.

Lorsque le sarrasin est semé en récolte
principale, il occupe l'année de jachère ; on
lui donne alors trois labours : le premier à la
sortie de l'hiver, le second au printemps, le
troisième avant la semaille, qui a lieu ordinairement du 15 au 25 juin, quand on n'a plus
de gelées à craindre. On sème depuis 50 litres
jusqu'à 110 litres par hectare. La graine est
enterrée à la herse ou au moyen du rayonneur. En récolte dérobée, le sarrasin succède
à une récolte de blé ou, plus souvent encore,
à une récolte de seigle ; dans l'un et l'autre
cas, il ne reçoit qu'un seul labour, qui a lieu
dans le mois de juillet. On répand la semence à la volée, dans la proportion de 100
à 150 litres par hectare, et on l'enterre à la
herse. Quelquefois, lorsqu'on est pressé par
le temps, on se borne à semer sur le chaume
de la céréale qui précédait ; on enterre par
un labour très-superficiel, suivi d'un hersage. Après la semaille, on ne donne aucun

soin au sarrasin ; sa réussite dépend en partie
de l'état de l'atmosphère. Les pluies continues
font couler les fleurs ; la sécheresse prolongée
fait également beaucoup de tort à la plante.
La maturité du sarrasin s'effectuant d'une manière inégale, on n'attend jamais que tous les
grains soient arrivés à leur point de perfection pour commencer la récolte ; on choisit
le moment où la plupart ont pris une teinte
foncée et résistent à la pression de l'ongle ;
ceux qui sont encore laiteux achèvent de
mûrir dans la gerbe. L'époque de la maturité
arrive généralement vers la fin d'août, en récolte principale, et dans le commencement
d'octobre, en récolte dérobée. Lorsque le sarrasin est bien venu, on le coupe avec la faucille ; quand la récolte est maigre, on l'arrache à la main. Les gerbes sont immédiatement attachées avec un lien de paille, près
des têtes ; on les met ensuite en *petites dames,*
c'est-à-dire qu'on les dresse debout, en ayant

soin de les tenir écartées du pied; elles restent ainsi en files dans le champ pendant dix ou quinze jours, selon l'état de l'atmosphère. D'autres mettent le sarrasin en *mattes;* pour cela, on écarte la récolte au pied, et on en forme de petites meules arrondies, auxquelles on donne plus de solidité en les attachant avec un cordon de paille. Dans certaines localités, on bat le grain au fléau, dès qu'il est suffisamment sec; dans d'autres, on le rentre dans la grange, pour procéder au battage pendant l'hiver. Le rendement du sarrasin est si casuel, qu'on ne peut en apprécier la moyenne; tantôt il donne des produits considérables, tantôt, la récolte est nulle. Celle qu'on obtient en deuxième récolte est encore plus chanceuse que l'autre. La paille sert partout de litière : nulle part on ne la donne aux bestiaux comme fourrage.

LÉGUMES.

Les légumes qui forment un objet de culture dans le département de l'Isère, sont les haricots, les pois chiches, les lentilles et les fèves.

HARICOTS.

Les principales variétés cultivées dans le département sont : le haricot rouge, le gris, le blanc, le petit flageolet et le nankin ; toutes sont naines. Le sol qu'on préfère pour cette plante est un sable argileux, passablement riche et bien exposé ; on évite avec soin d'appliquer un fumier énergique, de peur qu'elle ne s'emporte trop en feuilles. En général, le terrain qui doit porter des haricots reçoit deux façons : le premier labour a lieu en avril, le second en mai. Plusieurs cultivateurs sèment

15.

par pots ; ils mettent quatre ou cinq haricots dans chaque trou. Les potées sont à la distance de 32 à 40 centimètres les unes des autres en tous sens ; on met environ 2 hectol. de grains par hectare ; quelques-uns sèment derrière la charrue et ensemencent toutes les lignes ; le plus grand nombre sème à la volée, bien que cette méthode soit la plus dispendieuse de toutes, si l'on tient compte du résultat définitif. En général, les haricots ne reçoivent qu'un seul binage : cette opération a lieu dès qu'ils ont atteint leur quatrième feuille. Ce n'est que par exception que quelques cultivateurs soigneux ajoutent encore un binage avant que la plante soit assez forte pour couvrir le sol de son ombrage. Cette seconde façon devrait être adoptée dans la plupart des cas. Lorsque les haricots sont mûrs, on les arrache à la main et on les dépose sur le sol, la tête en bas et les racines en haut ; ils restent ainsi cinq ou six jours à javeler ; après ce temps, s'ils sont suffisamment secs, on les charge sur une voiture, et, une fois à la grange, on les bat au fléau. Cette méthode, toutefois, varie un peu suivant les localités; il en est qui conservent les haricots dans leurs gousses jusqu'au moment du battage, qui ne s'effectue que fort avant dans l'hiver; on sait par expérience qu'ils se conservent mieux dans leurs enveloppes que lorsqu'ils sont à nu. Le rendement des haricots est évalué, dans les années ordinaires, de 10 à 15 pour un; quand ils réussissent complétement, il n'est pas rare d'obtenir jusqu'à 40 hectolitres par hectare.

POIS CHICHES.

On ne cultive de pois chiches que dans l'arrondissement de Saint-Marcellin, encore cette plante est-elle du domaine de la petite propriété.

Le pois chiche se plaît, particulièrement, dans les terrains légers qui conservent un certain degré de fraîcheur pendant l'été. On le sème dès qu'on n'a plus de gelées à redouter. Le sol, pour cette culture, ne reçoit qu'un seul labour donné au printemps, on sème à la volée, dans la proportion de 175 à 200 litres par hectare, et l'on recouvre la graine par un coup de herse; il vaudrait mieux semer en lignes espacées de 35 centimètres chacune, afin de pouvoir donner économiquement les cultures nécessaires pendant la végétation. On bine lorsque les pois chiches ont atteint quelques centimètres de hauteur, et, cela fait, il ne reste plus qu'à attendre la maturité des graines. On récolte lorsque les gousses ont pris une teinte jaunâtre, l'arrachage a lieu à la main, le battage s'effectue au fléau, les tiges sont converties en fumier.

LENTILLES.

Les lentilles réussissent dans les sols qui conviennent aux pois chiches ; mais elles exigent plus de fertilité. On prépare, communément, la terre par deux labours pour cette plante : le premier se donne à la sortie de l'hiver, et l'autre, peu de temps après. L'usage est de semer les lentilles en lignes et par pots contenant chacun quatre ou cinq grains. Les cultivateurs soigneux ne se dispensent jamais de donner un ou deux binages dans l'intervalle des lignes et entre les plantes, pendant le cours de la végétation. L'arrachage s'effectue à la main.

On laisse la récolte pendant deux ou trois jours sur le sol ; dès qu'elle est suffisamment sèche, on l'engrange ou on la bat immédiatement au fléau. Le rendement moyen des lentilles peut être porté à quinze pour un.

FÈVES.

La culture des fèves est loin d'avoir, dans
l'Isère, l'importance qu'elle mérite ; elle est
pour ainsi dire renfermée dans les limites de
la culture jardinière, cependant, nulle plante
ne convient mieux aux terres fortes, et ne
présente plus de ressources pour leur amélioration ; elle vient aussi très-bien dans les
sols légers, quand on lui donne les soins convenables ; mais elle réussit surtout dans les
marais desséchés et les sols rompus ; beaucoup de cultivateurs habiles les regardent
comme l'une des plantes les plus utiles, après
les fourrages artificiels et les céréales.

On donne généralement trois labours
pour cette plante ; le premier a lieu avant
l'hiver, les deux autres, dans le courant de
février et dans les premiers jours de mars ;

tous pèchent par le défaut de profondeur; il est rare que le soc pénètre a plus de 32 centimètres. Le fumier est appliqué au deuxième labour. Les semailles se font, d'ordinaire, de très-bonne heure, dès la fin de février ou dans les premiers jours de mars; les plus précoces sont regardées comme les meilleures. Les uns sèment à la volée et enterrent à la charrue, les autres mettent régulièrement la semence en lignes derrière le moissonneur, on n'ensemence alors que de deux raies l'une. Les fèves ne reçoivent qu'un seul binage, aussi la plupart des champs sont-ils infestés d'herbes. On oublie que cette culture n'est réellement profitable qu'autant qu'elle laisse le sol parfaitement net; faute de ce soin, on se prive d'une partie des produits, et l'on compromet le succès de la récolte qui doit la remplacer. Les fèves, pendant leur croissance, sont sujettes à deux fléaux qui diminuent souvent la récolte d'un tiers:

ce sont la rouille et les pucerons; la première de ces maladies, jusqu'ici, n'a point été
combattue par des moyens efficaces; quant à
l'autre, on a recommandé de couper les têtes
des fèves aussitôt qu'on les voit assaillies par
les insectes, mais ce remède n'a d'autre bon
effet que de hâter la maturité des gousses
et de rendre la dessiccation de la paille plus
facile.

Dès que les fèves sont mûres, caractère
que l'on reconnaît à la couleur noire des
gousses, il sagit de les récolter; pour cela,
le plus grand nombre les arrachent à la main,
les autres les coupent avec la faucille; on les
lie aussitôt ou bien on les laisse javeler pendant quarante-huit heures sur le sol. Si la
dessiccation n'est pas assez avancée pour qu'on
puisse rentrer immédiatement la récolte, on
la met en gerbiers (petites meules); après ce
temps, on la transporte dans la grange, où

elle est battue au fléau. Les fèves rendent, en moyenne, de dix à douze pour un.

PLANTES OLÉAGINEUSES.

La culture des plantes oléagineuses laisse beaucoup à désirer dans le département, surtout celle du colza, qui, exigeant plus de soins que la navette, souffre aussi d'avantage de la négligence avec laquelle on la traite chez la plupart des cultivateurs.

Le colza succède presque toujours au blé ou au seigle ; il occupe aussi quelquefois la place de la jachère. Après une récolte de céréale, il est rare qu'on donne plus d'un labour préparatoire à la terre ; dans la sole de jachère, on laboure à deux ou trois reprises différentes et l'on fume, ce qui n'a jamais lieu dans les autres combinaisons de culture.

Dans la petite culture, toutes les façons s'exécutent à la bêche; on laboure souvent à 32 centimètres de profondeur.

En général, on le sème à la volée, vers la fin de juillet ou le commencement d'août, et on ne donne aucun binage jusqu'à la récolte. Les cultivateurs soigneux suivent une méthode différente. Ils sèment le colza en pépinière; aussitôt après l'enlèvement de la récolte, ils préparent la terre par deux labours suivis de hersages, et lorsque le plant est assez fort, ils le mettent en place, soit au moyen du labour en repiquant derrière la charrue, ou bien en employant le plantoir et en suivant les raies tracées par le rayonneur; on garnit chaque deux lignes. Au printemps, on donne un binage au colza, avant qu'il monte en tiges; ce procédé serait complet, si l'on donnait un premier binage quinze jours ou trois semaines après le repiquage.

qui a lieu le plus souvent à la fin de septembre
ou bien dans le courant d'octobre. Personne,
dans le département, ne pratique le ruotage,
si commun dans le département du Nord.
Cette opération consiste à creuser, de distance
en distance, de petites rigoles de 32 centimètres de largeur, sur 18 centimètres de
profondeur; la terre qui en est extraite sert
à chausser le plant et le protège contre les
rigueurs de l'hiver. Le colza se récolte partout avant la maturité parfaite des siliques,
on le coupe avec une faucille ou une serpette, dès que les graines se laissent apercevoir à travers les enveloppes. Les uns les
laissent cinq ou six jours en javelles sur le
sol, les autres se contentent d'un javelage de
quarante-huit heures; quelques-uns, en petit
nombre, mettent en meules le colza aussitôt
après l'avoir coupé; c'est la même pratique
usitée dans le Nord : l'expérience a confirmé
ses bons résultats. Le battage s'exécute sur

l'aire, à l'aide du fléau ; des femmes l'y transportent avec des fourches. On perdrait moins
de graines, si on l'enveloppait dans des draps
pour le porter à la bâche. Le rendement du
colza est extrêmement casuel ; on l'estime,
en moyenne, à 18 ou 20 hectolitres par hectare.

NAVETTE.

On suit pour la navette la même culture
que pour le colza ; la variété d'hiver est celle
que l'on cultive par préférence. La terre ne
reçoit généralement qu'un seul labour et n'est
pas fumée. On répand la semence à la volée,
et on la recouvre par un trait de herse ; pendant la végétation, on ne donne ni binages ni
sarclages. La récolte s'effectue de la même
manière que pour le colza. Le rendement de
la navette est regardé comme très-chanceux ;
on l'estime communément moindre que celui

du colza. La navette est quelquefois cultivée pour servir de nourriture verte au bétail. On la coupe alors lorsqu'elle commence à fleurir.

PLANTE TEXTILE.

CHANVRE.

Le chanvre est la seule plante textile que l'on cultive dans l'Isère; elle forme une des branches les plus importantes de la production agricole, notamment dans la vallée de Grésivaudan. On rencontre deux variétés de chanvre : le chanvre ordinaire et le chanvre d'Italie. Ce dernier s'élève plus haut et produit plus de filasse et de grains que l'autre. On choisit pour le chanvre le sol le meilleur dont on puisse disposer; les terres où il réussit le mieux sont celles formées par les alluvions et qui sont plutôt siliceuses qu'argileuses; les

terrains frais sont particulièrement favorables
à cette culture.

La place du chanvre, dans la rotation, ne
varie guère : chez les uns, on lui réserve le
sol des jachères; chez les autres, il succède
aux pommes de terre. Dans la vallée de Grésivaudan, il n'est pas rare de le voir se succéder deux et trois années de suite à lui-
même, ce qui confirme ce vieux principe que
le chanvre peut revenir indéfiniment dans
le même terrain, pourvu qu'il soit suffisamment préparé et fumé.

Il est admis par tous les cultivateurs que
la terre destinée à porter le chanvre ne peut
jamais être trop labourée ni trop ameublie.
En général, on lui donne trois et quatre labours, quelquefois jusqu'à cinq dans les sols
tenaces. Le premier labour a toujours lieu
avant l'hiver. La profondeur du labour n'excède

pas ordinairement 18 centimètres. On sait cependant combien il est avantageux pour le chanvre d'enfoncer sa racine dans un sol défoncé. Cette opération s'effectuerait sans peine lors du labour d'automne ; les gelées se chargeraient ensuite d'ameublir le sol et de l'amener à cet état de pulvérisation si favorable à toutes les plantes semées au printemps. On recommande avec soin de ne pas labourer par un temps humide pour le chanvre, cette circonstance exerçant une grande influence sur les produits.

Nulle récolte, dans l'Isère, n'est aussi fortement fumée que le chanvre ; on lui applique jusqu'à 120 mètres cubes de fumier par hectare dans l'arrondissement de Grenoble ; les engrais les plus décomposés sont regardés comme les meilleurs.

La terre ayant été préparée par des labours

répétés, combinés avec l'emploi alternatif de la
herse et du rouleau, on songe aux semailles;
cette époque varie suivant les localités. Dans
l'arrondissement de Vienne, on sème pendant
la première quinzaine de mai, et l'on répand
50 litres de graines par hectare; dans l'arrondissement de la Tour-du-Pin, on sème depuis
le 15 mai jusque dans les premiers jours de
juin, et l'on met environ un hectolitre de
graine par hectare; dans l'arrondissement
de Saint-Marcellin, on sème ordinairement
dans le courant de mai; la proportion de
semence flotte entre 80 et 120 litres par hectare. Dans l'arrondissement de Grenoble, il
est d'usage de semer du 15 avril jusqu'à la
mi-mai pour le chanvre qui doit être arraché
à l'époque de sa floraison; on attend souvent
jusqu'à la fin de juin quand il est destiné à porter graines. On met de 100 à 110 litres de semence par hectare. La plupart des cultivateurs
sont dans l'usage de renouveler de temps en

temps leurs semences. Toute la vallée de Grésivaudan tire la graine de Vizille, localité re-
nommée pour la semence de cette plante. On
commence aussi à employer du chanvre de
Piémont. La graine est généralement recouverte par un ou deux traits de herse ; quelques-
uns l'enterrent de préférence par un labour
superficiel donné avec l'araire ; dans ce cas, on
ferait bien de herser en long et en travers après
le labour, la semence se trouverait ainsi mieux
répartie. Dans le plus grand nombre des localités, on préserve la levée du chanvre du
dégât des oiseaux en plaçant dans la pièce
un enfant ou un mannequin ; plusieurs ne
prennent aucune précaution à cet égard.

A partir de l'époque où le grain est levé,
jusqu'à la récolte, le chanvre ne demande
aucun soin ; la végétation s'accomplit naturellement ; il est cependant des cultivateurs qui
lui donnent un binage trois semaines après

les semailles, lorsque les mauvaises herbes envahissent le champ.

Les pieds mâles du chanvre fleurissent d'ordinaire dans le mois d'août. Ce moment est celui que choisissent plusieurs des cultivateurs pour arracher cette première partie de la récolte. Ils attendent, pour récolter les pieds femelles, que la semence ait complété sa maturité. Beaucoup arrachent pieds mâles et femelles à la fois dans le mois d'août, ou même à la fin de juillet. La récolte des pieds femelles, quand elle s'effectue seule, n'a lieu que dans le courant de septembre; les tiges sont arrachées à la main; on les laisse communément javeler pendant un jour ou deux; après ce temps, on les dresse sur le sol en les écartant du pied, et. quand elles sont suffisamment sèches, on en extrait la graine. Cette opération précède immédiatement le rouissage. Le rouissage dans l'eau est le plus usité;

c'est pour ainsi dire par exception qu'on fait rouir le chanvre sur terre ; il perd, par ce procédé, une partie de la blancheur qui caractérise celui roui dans l'eau. La durée du rouissage n'est pas uniforme pour toutes les localités ; elle diffère, non-seulement selon la nature de l'eau qu'on emploie et la masse de chanvre qu'on dépose dans le routoir, mais encore suivant l'état de l'atmosphère. Plus la température est chaude, moins le chanvre met de temps à se dépouiller de la substance gommo-résineuse qui enveloppe ses fibres ; on calcule qu'il faut, terme moyen, de huit à dix jours pour que le chanvre soit complétement roui. Une fois hors de l'eau, on le fait sécher en l'étendant sur le sol ; on le retourne, puis, quand il est bien sec, on le rentre ; c'est alors qu'on le soumet au teillage. Le rendement du chanvre est fort difficile à apprécier, la réussite de cette plante dépendant en partie de l'année plus ou moins favorable à sa cul-

ture. Dans les arrondissements de Vienne et
de la Tour-du-Pin, on la porte à 1200 kilogrammes de filasse par hectare ; dans la vallée
de Grésivaudan, on estime que le chanvre produit de 1200 à 1500 kilogrammes de filasse,
et 200 litres de graine par hectare.

RÉCOLTES RACINES.

Les pommes de terre, les betteraves et les
raves constituent les récoltes racines qu'on
cultive dans le département de l'Isère.

POMMES DE TERRE.

On cultive trois variétés principales de
pommes de terre : la jaune-ronde, la plus
commune de toutes et la plus estimée dans
la plupart des localités; la rouge-longue et
la violette. Cette dernière, dans l'arrondissement de Grenoble, est très-recherchée ;

chaque pied donne de très-gros tubercules, mais en petite quantité; elle passe pour être moins sujette à la sécheresse que les autres variétés. Le sol destiné à porter des pommes de terre, reçoit depuis deux jusqu'à quatre labours; en général, on donne trois façons; la première a lieu dans le courant de l'automne, et les autres, dès que la saison permet de faire usage de la charrue. La pomme de terre occupe souvent la sole de jachère; on la place aussi fréquemment après une récolte de trèfle incarnat ou de tout autre fourrage vert; elle succède parfois au seigle ou au froment, rarement à un trèfle ou à une luzerne défrichée. L'usage de fumer pour la pomme de terre est loin d'être adopté par tous les cultivateurs; beaucoup s'en dispensent et préfèrent appliquer l'engrais aux grains qui lui succèdent, mais on fait alors l'inverse de ce qu'il faudrait faire, et l'on se prive d'un des principaux avantages que présentent les récoltes sarclées.

de supporter toute espèce de fumure sans exposer le sol à être envahi par les mauvaises herbes. L'époque de la plantation varie beaucoup suivant les localités. Dans le canton de Meizieux, la plantation a lieu depuis le mois d'avril jusqu'à la fin de juin; le 5 juin est le moment de la grande plantation; on a remarqué dans cette localité, que les pommes de terre semées en avril étaient trop précoces, et, par suite, devenaient plus exposées aux sécheresses de juillet et d'août; celles plantées en juin se soutiennent jusque-là, et forment leurs tubercules en septembre.

Dans la commune de Bron, on ne plante les pommes de terre qu'à la Saint-Jean à cause des sécheresses; plus tôt, elles ne viennent pas aussi bien.

Dans le canton de la Verpillière, la plantation a lieu depuis la fin de février jusqu'à la fin de juin; l'époque regardée comme la plus favorable est celle de la dernière quinzaine de mai.

Il en est de même dans le canton de Saint-Symphorien. Au Péage, les pommes de terre qui réussissent le mieux sont celles que l'on a plantées huit ou dix jours avant la Saint-Jean. A la Côte-Saint-André, on préfère la fin de mai à toute autre époque; la plantation s'effectue aussi en mars et en avril.

A Pont-Cherry, dans l'arrondissement de Crémieux, les pommes de terre plantées à la fin de mai et dans le commencement de juin réussissent mieux que celles plantées en avril. L'époque de la grande plantation a lieu du 1er au 15 juin. Sur les bords du Rhône, on attend de préférence l'époque comprise entre le 15 juin et la Saint-Jean. On a remarqué que celles qui n'étaient mises en terre que quelques jours avant le mois de juillet fournissaient une excellente semence, tandis que les pommes de terre semées plus tôt s'épuisaient par le feu qu'elles jetaient au premier printemps. Dans le canton de Morestel, on regarde le mois de mai comme l'époque la plus favorable pour la plantation des pommes de terre. On en plante depuis mars jusqu'à la fin de juin. Dans les cantons de Bourgoin et de la Tour-du-Pin, on plante les pommes de terre depuis le commencement de février jusqu'à la fin de juin; au Pont-de-Beauvoisin, les pommes de terre semées avant le mois de mai ne valent pas celles que l'on plante vers le 15 de ce mois; dans l'arrondissement de Saint-Marcellin, la plantation s'effectue de préférence en avril et en mai; elle commence souvent dès le mois de mars et se prolonge jusqu'à la Saint-Jean; au Bourg-d'Oisans dans l'arrondissement de Grenoble, on plante les pommes de terre en avril et en mai; dans la montagne, la plan-

tation se continue jusqu'en juin ; à Saint-Laurent-du-Pont, elle s'effectue depuis mars jusqu'au 20 juin ; la fin d'avril est regardée
comme l'époque la plus favorable ; à Urriage,
on commence à planter les pommes de terre
dès la fin de février et l'on continue jusque
dans le courant de juin ; enfin, dans la vallée
de Grésivaudan, on plante depuis mars jusqu'à
la fin de juin : avril et mai sont réputés les
mois les plus favorables pour confier cette
semence à la terre. Le mode de plantation
le plus généralement suivi consiste à planter
derrière la charrue ; les uns garnissent toutes
les deux raies, les autres ne plantent qu'une
raie sur trois dans les lignes ; les tubercules
se trouvent tantôt à 13 , tantôt à 16, tantôt
à 27 et 32 centimètres les uns des autres ;
plus il y a d'écartement entre les lignes, plus
on peut rapprocher les pommes de terre les
unes des autres ; la marche inverse doit être
suivie si l'on plante chaque deux raies, ou

même toutes les raies. La plupart des cultivateurs sont dans l'usage de couper les tubercules en un ou plusieurs morceaux, selon la
grosseur du plant; un grand nombre se contentent de laisser deux yeux à la pomme de
terre; mais il nous semble qu'on nuit ainsi au
germe, qui puise sa nourriture dans le tuber-
cule même, tant que la plante n'a point encore développé ses tiges ni ses feuilles; il vaudrait mieux, dans tous les cas, choisir les
tubercules de dimension moyenne comme
plant de semence, plutôt que d'employer des
pommes de terre coupées qui, par cela même,
sont plus exposées à pourrir en terre.

La plantation terminée, beaucoup de cultivateurs se bornent à attendre l'époque jugée
nécessaire pour donner un binage; mais il en
est aussi de très-soigneux qui, dans le but de
préserver la plantation des mauvais effets de
la sécheresse, font passer le rouleau à plu-

sieurs reprises, aussitôt que les tubercules
sont mis en terre. Cette précaution, extrêmement simple, a pour résultat de hâter la levée
de la plante.

La culture de la pomme de terre est très-
simple, on peut la résumer en deux mots : la
netteté et l'ameublissement du sol. Suivant la
coutume ordinaire du pays, on donne un binage dans le cours de la végétation, et l'on bute
le plus souvent lorsque la plante est sur le point
d'entrer en fleur. Quelques-uns suivent une
pratique plus éclairée. Dès que les mauvaises
herbes se montrent dans le champ, que les
pommes de terre soient levées ou non, ils font
passer la herse en long et en travers ; quand
elles sont bien levées, on leur donne un binage ; puis, quelque temps après, vers l'époque
de la floraison, on met l'araire entre les
lignes, et, par une seconde opération, qui a
lieu 8 ou 10 jours ensuite, on complète le but

tage en relevant la terre de chaque côté des
plantes, au moyen d'un araire, ou mieux encore, du buttoir. Dans l'intervalle des deux
buttages, plusieurs personnes appliquent le
fumier dans les raies, et le recouvrent avec la
terre même destinée à former les ados; les tubercules se trouvent ainsi placés entre deux
couches de fumier.

A la Côte-Saint-André, quelques cultivateurs font usage du plâtre comme engrais pour
la pomme de terre; ils le répandent, quand
la fane a 8 ou 10 centimètres de hauteur,
dans la proportion de 200 kilogrammes par
hectare; on choisit un tems pluvieux pour cette
opération.

Les premières pommes de terre plantées à la
fin de février ou au commencement de mars
sont ordinairement mûres en juillet. Les autres complètent leur maturité en septembre;

ce mois est regardé partout comme l'époque décisive pour l'abondance ou la rareté des produits; le sort de la récolte dépend presque entièrement de la température qui règne alors : une sécheresse prolongée nuit à le formation des tubercules; des pluies tenaces font bourgeonner les jeunes tubercules et les rendent aqueux ; l'alternative seule d'un temps pluvieux et de la chaleur réunit toutes les conditions favorables. L'arrachage s'effectue de trois manières principales : en petite culture, on emploie souvent la bêche ou le trident; dans la grande culture, on se sert de la fourche et parfois aussi de la charrue. Dans ce dernier cas, il est nécessaire de herser la pièce après que les tubercules ont été amenés à la surface du sol; malgré cela, on en laisse encore un grand nombre dans le champ. Le rendement des pommes de terre est porté dans certaines localités à 10, dans d'autres à 15, 20 et 25 pour un; la moyenne peut être évaluée à

12 pour un. Le mode de conservation adopté consiste à déposer les pommes de terre dans la cave ou à les mettre dans des fosses rondes, au fond et sur les parois desquelles on place un lit de paille. Les pommes de terre, s'élèvent ainsi à plusieurs centimètres au-dessus du sol, et, avant de les recouvrir de terre, on les abrite d'une couche de paille destinée à les préserver de la gelée.

BETTERAVES.

Quelques fabriques de sucre s'étaient élevées dans le département de l'Isère ; celles qui avaient été sagement conduites prospéraient et répandaient autour d'elles l'aisance, tout en augmentant la fertilité du sol. A l'heure où j'écris ces lignes, elles souffrent de l'incertitude qui pèse sur la fabrication du sucre indigène, et languissent en attendant le sort qui les menace ; la suppression de la culture de

la betterave dans l'Isère, ainsi que dans les
autres départements, arrêtera infailliblement
les progrès dont on était redevable à cette
plante ; trop heureux si on lui accorde encore
quelques ares de terre pour la nourriture du
bétail ! La terre destinée à porter des betteraves, est généralement une terre argilo-siliceuse, richement engraissée. On la prépare
par trois labours, dont un donné avant l'hiver ;
le fumier est conduit dans l'intervalle du 1er
au 2e labour ; on préfère celui qui est à demi
consommé. Peu de temps après la dernière
façon, on herse à diverses reprises jusqu'à ce
que la surface soit bien nette ; les semailles ont
lieu sur labour frais, depuis le mois de mai
jusqu'en juin ; cette dernière époque passe pour
tardive, on n'y a recours que lorsque les al-
tises ont détruit les premiers semis. La variété de betterave cultivée par les fabricants
est la betterave blanche dite de Silésie. Les
semailles ont lieu à la main ou au semoir.

Les plantes levées, on éclaircit aussitôt que les lignes se laissent apercevoir; ces lignes sont séparées les unes des autres par un intervalle de 65 centimètres environ; les plantes sont à 28 centimètres les unes des autres dans les lignes. Pendant le cours de la végétation, on bine chaque fois que l'état du sol le réclame; le nombre des binages ne passe pas trois, en général. L'arrachage s'effectue vers le 15 octobre; on se sert, pour cela, d'un instrument appelé *déplantoir*, dont le fer simule un fer de lance, avec cette différence qu'il s'élargit de chaque côté de la douille, de manière que l'ouvrier puisse appliquer le pied sur cette partie, comme sur un fer de bêche. On décollète les betteraves avant de les mettre en silos. Ces derniers consistent en fossés de 20 mètres de long sur 1 de profondeur, et d'une largeur de 65 centimètres; sur les coteaux, où le sol est très-argileux, on a soin de donner peu de profondeur aux silos; les betteraves sont accumulées en rond au-dessus de la fosse, qui est préservée de l'humidité par de petits fossés, qui l'entourent. Les betteraves sont défendues contre la gelée par un lit de terre. On ménage dans chaque silo une ou deux cheminées construites avec des fagots. Le rendement moyen des betteraves est estimé, en moyenne, à 30,000 kilog. par hectare.

RAVES.

On ne cultive guère les raves qu'en seconde récolte dans le département de l'Isère; c'est ordinairement après le blé et le seigle qu'on les place, elles succèdent aussi quelquefois au chanvre.

La terre ne reçoit qu'un seul labour; on sème la graine à la volée depuis le commencement de juillet jusqu'au 15 août, et on l'enterre par un hersage. Il est rare qu'on

17.

fume pour cette récolte dérobée. Pendant le
cours de la végétation, on se dispense généralement de biner ou de sarcler ; ces opérations
cependant sont mises en pratique chez les bons
cultivateur slorsque la plante les réclame. L'arrachage a lieu dans le mois d'octobre ou dans
les premiers jours de novembre ; les raves
servent de nourriture pour le bétail, on les
conserve généralement dans des caves.

MELONS.

Les melons sont principalement cultivés
dans quelques communes voisines de Lyon,
telles que Bron, Villeurbanne, Vaux, etc.
On prépare la terre par un premier labour à
labêche, donné avant l'hiver, à 32 ou 40 cent.
de profondeur ; la seconde façon ne pénètre
qu'à 18 ou 21 centimètres. On sème d'abord
les melons sur couche, vers le 15 avril ; lorsqu'ils sont bien levés, on creuse à la bêche

le trou destiné à les recevoir, on fume en
même temps, soit avec du fumier bien consommé, ou, le plus souvent, avec de la matière
fécale; la melonnière reçoit ensuite deux nouvelles façons. Les melons mis en place sont
à un mètre carré de distance les uns des autres; ils occupent souvent des planches de
terrain séparées entre elles par d'autres planches ensemencées en seigle. On attend qu'ils
aient bien repris pour procéder au châtrage
de la plante; cette opération s'exécute en en-
levant le premier œil; on arrête le melon
quand il a 4 ou 5 nœuds. La récolte des melons a lieu en août. On estime qu'un hectare
contient environ 6000 plants de melons. Leur
produit est considérable quand ils réussissent;
ils laissent surtout le sol dans un excellent
état d'amélioration pour les récoltes subsé-
quentes, à cause de l'énorme quantité d'engrais qu'ils ont reçue.

COURGES.

Nulle part dans l'Isère on ne cultive les courges en récolte principale; elles sont intercalées au milieu des récoltes de maïs. Les soins qu'on leur donne sont les mêmes que ceux qu'on applique aux melons. Elles servent de nourriture pour les vaches et les chevaux.

FOURRAGES ARTIFICIELS.

Les fourrages artificiels du département de l'Isère sont la vesce, la dravière, le maïs, le trèfle, la luzerne, le sainfoin, le trèfle incarnat et la lupuline.

La vesce, désignée communément sous le nom de *poisette* dans l'Isère, est rarement semée seule. On la mélange ordinairement

avec de l'avoine ou de l'orge. On prépare la
terre par un ou deux labours; on sème sur
labour frais et l'on enterre la semence avec
l'araire ou par plusieurs coups de herse. Quelques-uns font ensuite passer le rouleau sur
la semaille; celle-ci a lieu dans le courant
de mars ou dans le mois d'avril; toutes circonstances égales, la récolte est d'autant plus
assurée qu'on sème de très-bonne heure. On
répand environ 175 litres de vesce par hectare, avec un dixième d'orge ou d'avoine pour
lui servir de rames. On coupe les vesces vers
la fin de juin, quand le grain commence à se
former dans la plupart des gousses : on se
sert, pour cela, de la faux. Les tiges coupées
restent pendant quelques jours sur terre, ensuite on les retourne, et quand elles sont
bien sèches on les rentre sans être bottelées.
Le mode de dessiccation usité dans le nord de
la France est bien préférable. Les vesces,
dans cette contrée, restent en javelles sur le

sol pendant deux ou trois jours; après ce temps, on les lie en bottes de 5 kilogrammes chacune et on les dresse en chaînes dans le champ; la récolte reste ainsi exposée au grand air jusqu'à ce que la dessiccation soit complète. Le rendement de la vesce est trop incertain pour être soumis à un calcul d'appréciation moyenne; le produit plus ou moins considérable de cette plante dépend en partie de l'état de l'atmosphère; elle demande une température alternativement chaude et humide.

DRAVIÈRE.

Sous le nom de dravière on comprend un fourrage annuel composé d'un tiers de vesce, un tiers de seigle et un tiers d'orge d'hiver. On sème le tout en octobre pour être coupé en mai; la culture et la récolte sont les mêmes que pour la vesce.

MAÏS.

Le maïs, pour fourrage, se sème rarement
en récolte principale; la plupart du temps
il succède à une plante dont on a déjà re-
cueilli les produits dans l'année même où on
le cultive. En général, on ne donne qu'un seul
labour, on sème à la volée et l'on enterre, soit
à l'araire, soit par plusieurs coups de herse.
On coupe au fur et à mesure des besoins, depuis le moment où la plante est montée en
tige jusqu'à celui où elle développe sa pani-
cule. Le maïs est un des meilleurs fourrages
verts connus, très-recherché par toute espèce
de bétail; il rafraîchit les chevaux, engraisse
les bœufs et donne une excellente qualité au
lait des vaches. Ces avantages le feraient sans
doute rechercher avec plus d'empressement
par les cultivateurs, s'il n'avait l'inconvénient
d'être très-épuisant. On ne doit le semer en

deuxième récolte, que dans les sols très-riches, ou lorsqu'on dispose d'une grande quantité d'engrais. Sa propriété épuisante diminue lorsqu'on le sème en lignes et qu'on le traite par la houe à cheval et le buttoir.

TRÈFLE ROUGE.

Dans le département de l'Isère, on sème le trèfle dans le froment, le seigle, l'orge, l'avoine, le chanvre et le sarrasin; quelquefois aussi dans le lupin. C'est après le chanvre qu'il réussit le mieux, parce qu'il trouve alors une terre richement fumée et très-propre; il vient aussi fort bien dans l'orge qui succède aux pommes de terre; le froment et le seigle qui ne sont ni binés, ni hersés au printemps, n'occupent que le troisième rang comme précédents du trèfle; ils conviennent, en revanche, lorsqu'on leur donne un hersage et que le sol est suffisamment net de mauvaises herbes; le sarrasin et le lupin ont l'avantage de le pro-

téger de leur ombrage pendant sa première
végétation et d'étouffer les mauvaises herbes
qui pourraient nuire au trèfle. La plus mauvaise place pour le trèfle est dans une avoine
qui succède à un blé ou à un seigle ; c'est
celle qu'on lui donne le plus souvent dans
le département ; voilà pourquoi tant de cultivateurs se plaignent de ce que le trèfle ne
donne pas de bonnes récoltes et n'assure que
médiocrement le succès des plantes qu'on lui
fait succéder. Ce défaut, joint à celui de le
faire revenir trop souvent dans le même terrain, explique la plupart des reproches qu'on
adresse à l'une des plantes les plus utiles que
nous ayons en agriculture et, sans contredit,
à celle qui a fait faire le plus de progrès dans
l'art des assolements. Que l'on sème le trèfle
dans une terre propre et suffisamment riche,
il reprendra toutes ses qualités, et les produits
en fourrage augmenteront ; le sol surtout en
éprouvera une amélioration sensible.

L'époque des semailles de trèfle et la quantité de graines qu'on répand par hectare ne
sont pas les mêmes dans toutes les localités;
chaque cultivateur, pour ainsi dire, suit, à
cet égard, une méthode particulière. Dans
le canton de Meizieux, on sème le trèfle
en mars ou mieux en février, dans le blé
d'hiver, et jamais à l'automne, parce que les
gelées lui nuisent beaucoup; on met environ
10 kilogrammes de graines par hectare. Tantôt on enterre la semence par un trait de herse,
tantôt on ne la recouvre pas. Dans le canton
de la Verpillière, on sème souvent le trèfle
dans l'orge de printemps; dans celui de Saint-
Symphorien, les semailles ont lieu indifféremment au printemps ou à l'automne; lorsqu'on le sème dans le blé, on attend que
celui-ci soit levé pour répandre la semence
de trèfle, et on l'enterre par un coup de herse;
quelquefois aussi on sème sur la neige; à
mesure que celle-ci fond, le grain entre en

terre : on met de 10 à 12 kilogrammes par hectare. Dans les terres brûlantes du Péage, on préfère semer le trèfle à l'automne dans le blé ou le seigle d'hiver ; on le sème aussi souvent en février et en mars. Quand ce dernier mois est sec, le trèfle ne fait rien, en revanche, semé sur la neige en février, il prend très-bien ; on l'enterre par un fagot d'épines attaché à une herse. A Vienne, on met 15 kilogrammes de graines par hectare. A la Côte-Saint-André, on trouve que le trèfle réussit mieux quand il est semé en mars dans le blé ou le seigle d'hiver, que lorsqu'on le sème à cette époque dans l'orge.

A Pont-Cherry, dans le canton de Crémieux, on sème le trèfle dans le froment et le seigle, en mars et en avril, et on l'enterre à la herse. Sur les bords du Rhône (terres siliceuses), on le sème en mars et en avril, dans l'orge et dans l'avoine ; quelques-uns aussi dans le

blé et le seigle d'hiver; on l'enfouit à la herse;
on met environ 25 kilogrammes de semence
par hectare.

Dans le canton de Morestel, on ne répand
que 17 kilogrammes de graines par hectare.

M. Giraud, à Bourgoin, sème son trèfle,
moitié dans la céréale d'hiver et moitié dans
celle de printemps; il choisit pour cela la
dernière quinzaine de mars, répand 20 kilogrammes par hectare et enterre à la herse.

Dans l'arrondissement de Saint-Marcellin,
on sème généralement le trèfle en mars, dans
le blé ou le seigle; les uns l'enterrent à la
herse, les autres se dispensent de cette façon;
on met de 9 à 10 kilogrammes de semence
par hectare. Enfin, dans l'arrondissement de
Grenoble, l'époque des semailles diffère selon qu'on cultive dans la plaine ou dans la

montagne. Au Sapey, on tient les semailles de trèfle plus assurées dans un grain de printemps que dans une céréale d'automne ; à Saint-Laurent-du-Pont, on sème en mars, et l'on répand 16 kilogrammes de trèfle par hectare ; dans la vallée de Grésivaudan, on sème souvent le trèfle à la fin de mars sur la neige ; la graine s'enfonce en terre lors de la fonte des neiges ; elle n'a pas besoin d'être recouverte, et elle germe à l'époque des premières chaleurs : ce moyen est regardé comme excellent. On répand de 20 à 25 kilogrammes par hectare ; plusieurs ne mettent que 16 kilogrammes environ de semence pour la même étendue de terre. Il est rare qu'on fasse usage du rouleau sur les semailles de trèfle faites au printemps dans les sols légers des arrondissements de la Tour-du-Pin, de Vienne et de Saint-Marcellin ; l'emploi de cet intrument contribuerait à assurer la levée du trèfle en conservant un peu de fraîcheur à la terre.

Dans l'Isère, on se sert généralement du plâtre pour activer la végétation du trèfle et lui servir en même temps d'engrais ; les uns plâtrent dès le mois d'août, aussitôt que la récolte qui protégeait le jeune trèfle est enlevée ; les autres attendent qu'il ait environ 5o millimètres de hauteur ; plusieurs sèment le plâtre moitié après l'enlèvement de la céréale, et moitié au printemps suivant ; la plupart ne mettent de plâtre qu'au printemps, quand le trèfle couvre la terre de ses feuilles : la dose de plâtre varie.

Dans le canton de Crémieux, on sème 1 5o kilogrammes par hectare.

M. Giraud, à Bourgoin, n'en emploie que 1 oo kilogrammes ; suivant lui, il suffit que les feuilles cultivées soient bien saupoudrées, une plus forte dose entraîne à de plus grands frais sans donner de plus riches produits. Il se sert aussi de chaux éteinte pour fumer ses trèfles dans un sol argilo-siliceux.

Dans le canton de la Verpillière, on jette de 90 à 100 kilogr. de plâtre par hectare, en choisissant un temps bien sec pour cela.

Dans le canton de Meizieux, on répand le plâtre en avril, quand on n'a plus de gelées à craindre ; on a reconnu, en effet, que le trèfle souffrait beaucoup quand le froid le surprenait après le plâtrage.

A la côte Saint-André, on répand l'énorme proportion de 500 kilogrammes de plâtre par hectare sur les terres fortes du coteau.

A Saint-Symphorien, ainsi qu'à Saint-Laurent-du-Pont, on a renoncé à l'emploi du plâtre, sous le prétexte qu'il épuisait considérablement le sol, et qu'il fallait fumer plus fortement pour le blé qui succédait. Dans ces deux localités, le sol est argilo-siliceux et argilo-calcaire. Si l'on avait soin de placer le trèfle à sa véritable place, c'est-à-dire dans une terre bien préparée et bien fumée, il est probable qu'au lieu d'épuiser le sol le plâtre agirait efficacement sur la récolte et, partant, augmenterait la richesse de ses débris.

Dans les arrondissements de Saint-Marcellin et de Grenoble, on répand le plâtre de manière que le trèfle soit légèrement poudré à blanc : la proportion varie de 100 à 150 kilogrammes par hectare.

Pour la première coupe, on fauche, en général, le trèfle quand les fleurs commencent à poindre ; la seconde coupe est fauchée en pleines fleurs. Il existe deux procédés de dessiccation dans l'Isère. Les uns, après que le trèfle a été fauché, laissent les andains se fa-

ner pendant vingt-quatre heures; ils éparpillent
ensuite le fourrage, puis ils rapprochent les
andains en *truites*, c'est-à-dire qu'ils forment
une seule chaîne de plusieurs andains; et, le
lendemain de cette opération, lorsque les
chaînes sont suffisamment fanées, ils les amon-
cellent en tas et les rentrent cinq ou six jours
après; les autres éparpillent le fourrage immédiatement après que la faux a abattu le
trèfle; quand le fanage est suffisamment pro-
noncé, ils réunissent le trèfle en chaînes et
le mettent ensuite en meules ou *cuchons*. La
seconde coupe se traite comme la première;
le regain est souvent mangé sur place. Le rendement du trèfle ne saurait être apprécié
d'une manière absolue pour chaque arrondissement; il existe, sous ce rapport, des différences notables dans les diverses localités.
Dans plusieurs cantons, on estime que la première coupe rend de 4 à 6,000 kilogrammes
par hectare. La seconde coupe est très-ca-

suelle; bien réussie, elle fournit quelquefois jusqu'à 1500 kilogrammes. Dans certaines communes, on ne compte que sur 2,000 kil. par hectare à la première coupe, et 1500 seulement à la deuxième. Dans quelques autres, enfin, on estime le rendement moyen du trèfle à 6,000 kilogrammes par hectare.

On choisit, pour porter graines, la deuxième coupe du trèfle, et l'on a soin de ne recueillir la graine que lorsqu'elle est parfaitement mûre; on l'extrait à l'aide du fléau ou sous la meule du routoir.

Le trèfle est quelquefois cultivé pour servir de fumure verte; on l'enfouit alors aussitôt que la plante entre en fleurs, et sans prendre d'abord une première coupe.

LUZERNE.

La luzerne est cultivée dans les quatre arrondissements du département. Voici les procédés suivis dans les principales localités :

Dans le canton de Meizieux, on sème la
luzerne dans l'orge vers le mois d'avril, on
l'enterre par un coup de herse, suivi de plusieurs tours de rouleau ; on répand 20 kilogrammes de semence par hectare.

Dans le canton de la Verpillière, on sème
dans la proportion de 15 à 20 kilogrammes
de semence par hectare.

A Saint-Symphorien, on ne met que moitié de cette quantité.

A Vienne, il est d'usage de défoncer le ter

rain qui doit porter de la luzerne : tantôt on
fait suivre deux charrues dans le même sillon,
tantôt on se sert de la bêche. La luzerne est
semée seule ou dans l'orge, et quelquefois
aussi dans le blé. On fume toujours dans
l'année même où l'on défonce le sol.

A la Côte-Saint-André, on répand 20 kilogrammes de semence par hectare. La luzerne
est généralement semée seule en mars, et
quelquefois aussi en juillet, après la récolte
des céréales.

A Pont-Cherry, on jette 25 kilogrammes
de semence par hectare.

A Travers, sur les bords du Rhône, on emploie 30 kilogrammes par hectare.

Dans les cantons de Bourgoin et de la
Tour-du-Pin, on sème la luzerne dans l'orge

de printemps, qu'on a soin de semer plus
clair.

Dans l'arrondissement de Saint-Marcellin,
beaucoup de cultivateurs sèment la luzerne
seule sur deux labours. La semence est mise
en terre à la fin de l'hiver : on trouve qu'elle
prend mieux seule que dans une céréale ; à
Saint-Bonnet, au contraire, on préfère la semer dans le chanvre : on met 15 kilogrammes
par hectare.

Dans l'arrondissement de Grenoble, les uns
sèment la luzerne seule sur une terre travail-
lée par plusieurs labours, les autres la sèment
en mars dans un grain de printemps : on met
de 15 à 20 kilogrammes de semence par hectare. Le plâtrage a lieu de la même manière
que pour le trèfle. La première coupe, dans
la plupart des localités, se fauche dès que le
bouton paraît ; dans un petit nombre, on at-

tend que la fleur soit épanouie. La dessicca-
cation de la luzerne ne diffère pas de celle du
trèfle. On laisse les andains faner pendant
24 heures; après quoi on les éparpille, pour
les réunir, peu de temps après, en chaînes.
Quand celles-ci ont suffisamment perdu de
leur humidité, on en forme des meules. La récolte se rentre sans être bottelée, de même
que le trèfle et tous les fourrages en général.
Le rendement de la luzerne, toutes propor-
tions gardées, est plus considérable que celui du trèfle. On compte en général sur trois
coupes : la première est la plus abondante de
toutes, la seconde donne moitié moins, la
troisième résiste souvent mieux que la seconde
aux sécheresses. Le regain est pâturé sur place
ou fauché pour servir de provision d'hiver.

La durée de la luzerne n'a point de limites
fixes : quelquefois on la défriche après 4 ans;
elle se prolonge souvent jusqu'à 8, 10 et

12 ans : les besoins de l'exploitation servent de règle principale à cet égard. On ferait bien cependant de ne pas abuser de ce moyen, et de ne pas attendre, comme cela a lieu si fréquemment, que la luzerne soit rongée par la mousse et les mauvaises herbes, pour y mettre la charrue. Cette prolongation vicieuse diminue la ration de fourrage qu'on pourrait se procurer plus utilement sur un autre sol; elle prive surtout la terre d'un des principaux bienfaits de la luzerne, lequel consiste à laisser le terrain libre de mauvaises herbes, et riche de détritus, aux récoltes qui doivent la remplacer.

Les rotations que l'on fait dans l'Isère, sur les défrichements de luzerne, prêtent largement à la critique. Il est peu de contrées où l'on fasse un abus plus déplorable des richesses végétales que présentent les débris de cette plante précieuse. Au lieu de les considérer comme un moyen d'augmenter graduellement la fertilité de la terre, on les regarde comme une mine intarissable qu'il faut épuiser par des récoltes successives de grains : les exemples suivants n'en fournissent que trop la preuve.

Dans l'arrondissement de Vienne, après une luzerne de 6 années, on prend : 1° avoine, 2° froment, 3° seigle, suivi de sarrasin; ou bien 2 froments, 1 seigle et 1 sarrasin, si le fonds est bon.

A Saint-Symphorien, sur une luzerne de 6 à 7 ans, on a : 1° avoine, 2° blé, 3° blé fumé, 4° pommes de terre fumées, suivies d'un blé. Ce dernier, mis à cette place, donne plus de grains que de paille. Assolement irréprochable, du moins quant à l'épuisement du sol.

Au Péage, après une luzerne de 8 à 10 ans, on prend 2 ou 3 blés de suite.

Dans le canton de Vienne, la luzerne de 6 années est remplacée par 3 blés consécutifs. Lorsqu'elle a duré 8 ans, on prend : 1° avoine, 2° froment, 3° méteil, 4° seigle, 5° colza : que peut-il rester dans le sol après une succession de récoltes aussi épuisantes? Rien ou presque rien; voilà pourquoi on est obligé de faire, après ce temps, une jachère complète, et de forcer le sol en le fumant fortement.

À Saint-Jean-de-Bournay, le défriché d'une luzerne de 8 ans est suivi d'une avoine et de 2 blés : trois récoltes de grains non sarclés : comment le sol ne serait-il pas infesté de mauvaises herbes?

A la Côte-Saint-André, on a, après une luzerne de 8 ans : 1° sarrasin (le blé verserait à cette place), 2° blé, 3° seigle, suivi d'un colza. Ceux qui prennent 2 blés de suite sont souvent exposés à avoir la céréale fort belle en herbe, mais très-chétive en grains.

Dans l'arrondissement de la Tour-du-Pin, après une luzerne de 8 à 10 ans, on a 2 froments et 1 seigle.

Dans le canton de Bourgoin, après une luzerne de 7 à 8 ans, on prend : 1° avoine; 2° blé; 3° blé; 4° pommes de terre; 5° blé; 6° seigle. M. Giraud, sur ses défrichés de luzerne; prend, 1° avoine; 2° betteraves, 3° froment, 4° betteraves, 5° seigle; récoltes épuisantes, il est vrai, mais qui, du moins, sont judicieusement intercalées de manière à ce que la récolte qui suit trouve toujours le terrain parfaitement net de mauvaises herbes. Au reste, toute la culture de cet excellent agriculteur mérite d'être proposée pour modèle.

Dans l'arrondissement de Saint-Marcellin, on prend souvent deux céréales de suite sur une luzerne de 5 ans; mais là se bornent les exigences du cultivateur raisonnable; il en est même qui, dans les terres légères, ne mettent qu'un seul blé sur le défriché et sèment ensuite le sol en pommes de terre, que l'on fume et que l'on cultive avec beaucoup de soin.

A Saint-Bonnet, on est loin de faire aussi bien. La luzerne de 5 années est suivie d'ordinaire d'une avoine ou d'une orge, puis de 2 blés, le dernier, il est vrai, mélangé de seigle.

Dans l'arrondissement de Grenoble, on agit avec plus de prudence. Après un défriché de 8 ans, on ne prend qu'un blé, suivi d'une avoine ou d'une orge. Quelquefois on prend 2 blés de suite. Le plus fort rendement de la luzerne a lieu, en général, à la 3e année. Dans beaucoup ds localités, ses produits diminuent sensiblement à la fin de la 6e année.

SAINFOIN.

Le sainfoin, désigné plus généralement sous le nom d'*esparcette,* est cultivé de préférence dans les sols légers et calcaires; il utiliserait avec profit une grande partie des sables et des terrains caillouteux des arrondissements de Vienne, de la Tour-du-Pin et de Saint-Marcellin, si on lui accordait plus d'importance dans ces localités. Le sainfoin se sème, tantôt dans le blé ou le seigle d'hiver, tantôt dans l'avoine ou l'orge de printemps, dans le chanvre, souvent aussi dans des lupins, du sarrasin, et quelquefois seul sur la neige. On ne le coupe pas la première année. On commence par répandre la semence de la plante qui doit l'abriter pendant sa levée; on herse, et on recouvre la semence par un nouveau hersage; la plupart enterrent les deux grains par un seul et même hersage.

Dans certaines localités, on trouve que le sainfoin semé en septembre réussit mieux que celui qu'on a semé en mars dans une céréale de printemps; il est rare qu'il souffre de la sécheresse lorsqu'on le sème en juillet dans du sarrasin, ou en mars dans du lupin destiné à porter graine. La proportion de semence varie. Dans l'arrondissement de Vienne, on emploie 165 litres de semence par hectare; dans celui de la Tour-du-Pin, les uns mettent 300, les autres 600 litres par hectare; dans le canton de Morestel, on regarde comme trop claire toute semaille où l'on emploie moins de 5 hectolitres de grains par hectare; dans les arrondissements de Saint-Marcellin et de Grenoble, on met environ 400 litres de semence par hectare. Beaucoup de cultivateurs sont dans l'usage de plâtrer le sainfoin, ainsi que les autres fourrages; on répand ordinairement l'engrais vers le mois d'avril; quelques-uns le sèment par moitié, à l'au-

tomne et au printemps. Le sainfoin se fauche
généralement dans la première quinzaine de
mai. Les avis sont très-partagés sur le moment
qu'il faut saisir pour cette opération. Dans
plusieurs cantons, on fauche aussitôt que les
fleurs commencent à poindre; d'autres coupent en pleine floraison; le plus grand nombre
attend que le sainfoin soit presque entièrement défleuri pour le faucher. La première
de ces méthodes procure, sans contredit, un
fourrage plus fin, mais il y a trop de perte
pour le cultivateur; il vaudrait mieux, selon
nous, couper lorsque les deux tiers des fleurs
sont tombées, et que la graine commence à
se former au bas de l'épi. C'est dans cet état
que le sainfoin fait le plus de profit, surtout
si on le destine aux chevaux.

Plusieurs personnes regardent la première
année qui suit la semaille du sainfoin comme
la meilleure pour l'abondance du fourrage; la

plupart des cultivateurs cependant pensent que ce n'est qu'à la deuxième année que le sainfoin produit le plus. La dessiccation est très-simple : on laisse le sainfoin en andains le jour même qu'il a été coupé; le lendemain, s'il fait beau, on le retourne et on le rapproche en chaînes; quand il a subi l'action du soleil en cet état, on le porte immédiatement au fenil; ce n'est que lorsqu'on craint la pluie, qu'on l'amoncelle en tas.

Le sainfoin, dans les bas-fonds de l'arrondissement de Grenoble, rend souvent deux coupes; dans les autres contrées, il n'en donne qu'une. La quantité des produits est très-variable.

Après un sainfoin de trois ans, il en est qui ne prennent qu'un seul blé sans fumer; d'autres, quand le fourrage a duré cinq ou six ans, prennent deux seigles et une orge, c'est-à-dire qu'ils épuisent et salissent leur terre, de telle sorte qu'une jachère est indispensable pour la rendre apte à produire de nouvelles récoltes.

TRÈFLE INCARNAT.

Le trèfle incarnat est cultivé, en général, comme fourrage vert dans le département de l'Isère; on ne le convertit en foin que lorsqu'il y a pénurie de fourrage. Il succède, en général, à une céréale d'hiver; quelquefois aussi on le sème dans le sarrasin ou le lupin. Nulle part on ne prépare le sol par des labours pour cette plante; l'expérience a prouvé qu'elle venait mal dans un terrain remué par la charrue; on se contente de herser le sol à diverses reprises, ou d'y faire passer l'extirpateur. Les semailles ont lieu depuis le 15 juillet jusqu'au 20 août. Les uns sèment le trèfle incarnat avec son enveloppe, les autres préfèrent répandre la graine nue. Dans le premier cas, on met 100 kilogrammes par hectare ; dans le second, on n'en emploie que 25. La semence est enfouie par un hersage simple ou croisé ; autant que possible, on choisit un temps disposé à la pluie pour mettre la semence en terre.

Le trèfle incarnat se fauche, pour donner en vert, aussitôt que les épis commencent à fleurir. Il forme ainsi une ressource excellente à une époque où les animaux, las du régime d'hiver, éprouvent le besoin d'une nourriture moins sèche, et où les autres fourrages ne sont pas encore en état d'être coupés. Quand on veut convertir la récolte en foin, on attend, en général, que toutes les têtes soient bien fleuries ; la dessiccation, sans doute, est plus prompte de cette manière, mais le fourrage qu'on recueille est d'une qualité bien inférieure ; il est même douteux qu'il vaille,

sur la fin de l'hiver, la bonne paille bien ré-
coltée.

Le mode de dessiccation usité est le même
que celui auquel on soumet les autres récoltes
fourragères. Après le trèfle incarnat, on met
souvent des pommes de terre; celles-ci ont
tout le temps nécessaire pour former leurs
tubercules lorsque la plantation a eu lieu
vers la fin de mai. Il est douteux seulement
que les terres légères se trouvent bien de
cette rotation, à cause de l'ameublissement
qu'occasionne le trèfle incarnat. On n'utilise
pas cette plante comme fumure verte; elle
serait très-propre à ce but surtout dans les
sables brûlants de l'arrondissement de la Tour-
du-Pin et dans les terres rouges d'une partie
de l'arrondissement de Vienne.

LUPULINE.

La lupuline, plus connue dans le département sous la dénomination de trèfle jaune,
est cultivée dans quelques localités de l'Isère.
Cette plante, peu difficile sur la qualité du
sol, vient très-bien dans les terres légères.
On la sème dans les mois de mars et d'avril,
dans l'orge ou l'avoine de printemps. On répand 15 à 20 kilogrammes de semence par
hectare; les uns l'enterrent par un trait de
herse, les autres se dispensent de cette opération quand le temps menace pluie. La lupuline ne donne qu'une seule coupe, mais son
fourrage est excellent. Sa dessiccation s'opère
de la même manière que le trèfle; mais elle
est moins difficile à faner. Lorsque les andains
ont éprouvé l'action du soleil, on en forme
des chaînes qu'on laisse faner pendant vingt-
quatre ou quarante-huit heures; après ce

temps, on dresse la récolte en tàs et on la
rentre ensuite au fenil.

DE LA VIGNE.

On cultive la vigne de trois manières différentes dans l'Isère : en hautains, en treillage
et en rapprochant les ceps les uns des autres.
A l'exception de certaines parties de l'arrondissement de Vienne où la vigne est cultivée
séparément et comme unique produit, elle occupe partout le sol conjointement avec d'autres
récoltes qu'elle divise ainsi en planches plus
ou moins larges. Dans la vallée de Grésivaudan, entre autres, il n'est pas rare de voir le
même sol porter à la fois trois récoltes : la
vigne, une céréale ou du chanvre suivi d'un
sarrasin. C'est peut-être le plus fort rendement qu'on puisse tirer de la terre : il est
vrai que la qualité du vin laisse beaucoup à
désirer. Les cépages sont très-variés dans le

département; on les trouve souvent mélangés dans le même vignoble, bien que certaines espèces soient plus hâtives les unes que les autres. Les procédés de culture ne sont pas les mêmes dans toutes les localités. Dans le canton de Meizieux (arrondissement de Vienne), le terrain destiné à être complanté en vignes est miné à 24 ou 32 centimètres de profondeur à l'aide du trident; on se sert d'un pieu en fer pour creuser le trou qui doit recevoir le plant; les pieds sont à la distance d'un mètre les uns des autres, en tous sens. On place les échalas quand la vigne a deux feuilles; on taille suivant la force de la souche. Généralement, on réserve deux yeux; quelques-uns ébourgeonnent, mais la plupart s'en dispensent. La vigne est liée à deux reprises différentes: on ne fume que lorsque l'on a provigné, et, dans ce cas, on emploie le fumier le plus chaud possible. On donne deux cultures à la bêche pendant la végétation:

la première a lieu en mars, la deuxième en juin. On taille dans les mois de février et de mars, avec la serpette; quelques-uns, cependant, commencent à se servir du sécateur.

Dans le canton de la Verpillière, la vigne se plante par fossés; on fume l'année même de la plantation; les ceps sont à un mètre les uns des autres.

Dans le canton de Vienne, les uns plantent au pieu, les autres au fossé. On commence par défoncer le terrain à 3o centimètres environ; en général, on se sert de plant non enraciné, parce qu'il dure plus longtemps que celui qui est muni de racines. Quand il réussit très-bien, on place les échalas à trois ans; d'ordinaire, on les met à quatre ans. On arçonne la vigne, c'est-à-dire qu'on courbe la souche sur un petit échalas ou sur elle-même. Les vignes s'appuient sur trois ou quatre échalas disposés en cône. On donne tous les ans deux façons à la vigne : la première en avril, la deuxième en mai ou juin ; on taille pendant tout l'hiver, et on laisse 27 millimètres de bois au-dessus de l'œil. Suivant la force de la souche, les montants ont quatre, six ou huit yeux ; on se sert de la serpe pour tailler ; le sécateur serait beaucoup plus expéditif, et, partant, plus économique. Les ceps, sur les coteaux, sont à 80 centimètres les uns des autres ; ils se trouvent espacés à 1 mètre dans la plaine ; on effeuille avant la maturité.

A la Côte-Saint-André, on ne plante par fossés que lorsque l'on provigne ; les fossés ont 50 centimètres environ de profondeur ; la vigne est soutenue par des échalas qui restent toute l'année sur place. Chaque cep se trouve à 1 mètre en tous sens ; on arçonne, c'est-à-dire que l'on courbe la branche pour forcer la sève à se jeter sur le premier nœud.

et à empêcher que la souche ne s'élève trop dans un sol qui, par sa nature argileuse, conviendrait mieux à la culture du blé qu'à celle de la vigne, si l'exposition et la pente ne contre-balançaient une partie des inconvénients du terrain. Les provins seuls sont fumés; la taille se pratique en décembre jusqu'en février. On a remarqué que cette dernière offrait plus d'avantages que l'autre, en retardant la végétation de la vigne, qui souffre beaucoup, au printemps, du vent des Alpes. On lie, on ébourgeonne, et l'on bêche deux fois la vigne pendant l'année.

Dans le canton de Crémieux, les ceps sont à 2 mètres les uns des autres, et grimpent sur des érables champêtres ou des merisiers dont on arrête la végétation en maintenant l'arbre à une certaine hauteur. Le pied de la vigne est bêché deux fois par an; la charrue laboure l'espace réservé aux autres récoltes.

On fume tous les ans avec du fumier d'étable, ainsi qu'avec des cendres ou de la tourbe. Lorsque la souche est forte, on laisse trois montants; la vigne est liée et ébourgeonnée; on la dresse en treillis, c'est-à-dire qu'elle court sur des treillages qui unissent les arbres entre eux.

Dans les cantons de Bourgoin et de la Tour-du-Pin, on préfère les treillis bas aux hautains dans toutes les localités sujettes aux gelées tardives. La plupart des vignobles sont plantés en quinconces, chaque cep se trouvant à 1 mètre de distance l'un de l'autre. Les échalas se placent à la deuxième feuille; on fume à la première et à la deuxième année de la plantation.

Dans l'arrondissement de Saint-Marcellin, on plante au fossé, et l'on multiplie la vigne par le provignage. La vigne est en treillage; chaque cep se trouve à la distance de 1 mètre 29 centimètres; on n'échalasse qu'à la troisième ou quatrième feuille; on taille en février ou en mars; la vigne est liée tous les ans; là où elle se trouve au milieu d'autres récoltes, elle ne reçoit d'autres façons que celles qu'on donne aux plantes placées au-dessous d'elle; quand les vignobles sont isolés de toute autre culture, on donne deux façons par an.

A la Tronche, dans l'arrondissement de Grenoble, la vigne se multiplie par le provignage; les ceps sont placés à 1 mètre, en tous sens, les uns des autres. Les uns taillent pendant l'hiver, les autres dès le premier printemps; on se sert, en général, de la serpette pour cette opération; cependant, l'usage du sécateur commence à s'introduire dans l'arrondissement. Le nombre d'yeux réservés dépend de la force de la souche; toutes les fois que la vigne est en treillage, on taille à archets (en arc) les vieilles souches, afin d'obtenir plus de produit; on ménage deux ou trois montants. La vigne reçoit une façon à la pioche en mars ou en avril; elle est attachée par un seul lien, près de la tête, avec un brin de paille ou d'osier; les échalas restent toute l'année sur place; ils consistent en bois de saule, de châtaignier et de sapin; ce dernier est généralement abandonné. Les échalas en saule doivent être renouvelés tous les trois ans, les autres à chaque sixième année. Chez beaucoup de propriétaires, on effeuille, quinze jours avant la vendange, les cépages qui sont les plus lents à mûrir.

La manière de faire le vin est loin d'être parfaite dans toutes les localités : en général, on laisse la vendange cuver beaucoup trop longtemps; sur la rive gauche de l'Isère, le vin se cuve pendant un mois. Si la fermentation se ralentit lorsque le vin n'est pas encore fait, on foule et l'on remet le vin sur la cuve; la

fermentation prend alors une nouvelle activité; on tire deux ou trois jours après cette
opération, connue, dans le pays, sous le nom
d'*entêtée*. Le vin se conserve dans des caves
ou des celliers; ces derniers, dans bien des
localités, sont trop exposés aux variations de
la température. Les vignobles les plus re-
nommés du département sont ceux de la
Côte-Saint-André, dans l'arrondissement de
Vienne; de Saint-Savin, dans l'arrondissement
de la Tour-du-Pin, et de la Tronche, dans
celui de Grenoble.

CULTURE DU MÛRIER ET ÉDUCATION DES VERS À SOIE.

La culture du mûrier a pris une grande
extension dans l'Isère depuis quelques années; des progrès sensibles ont eu lieu sur
divers points du département. On ne peut se
dissimuler, cependant, qu'il n'y ait encore

beaucoup à faire, tant sous le rapport de la conduite des pépinières, que sous celui de la taille des mûriers et des récoltes qu'on en tire.

Avant 1830, on regardait cette branche de l'agriculture comme n'offrant pas de bénéfices; mais, depuis qu'on s'en occupe sérieusement, les plantations se multiplient, l'usage de la greffe se propage, les procédés d'éducation des vers à soie se perfectionnent ; tout porte à croire que si cette impulsion continue, le département de l'Isère trouvera de grands avantages dans une industrie qui convient parfaitement à son climat, à la division des propriétés et à un grand nombre de sols médiocres.

Pour donner une idée des méthodes suivies dans le pays, nous ne saurions mieux faire que de transcrire littéralement les renseignements que nous tenons d'un des hommes

les plus habiles dans l'art de conduire les mûriers et d'élever les vers à soie. M. Roibet,
juge de paix du canton de Meizieux, décrit
ainsi les pratiques de son canton, qui diffèrent
peu de ce qui a lieu dans les autres localités
du département.

« Tous les anciens mûriers, provenant de
« sauvageons, sont plantés en bordures; ils ont,
« en général, une petite feuille plus ou moins
« découpée; quelques-uns , néanmoins , pro-
« duisent une feuille arrondie; on les connaît
« sous le nom de mûriers roses; les fruits de
« ces arbres sont blancs ou roses; les arbres à
« fruits blancs ont communément la feuille
« moins découpée que les autres. Il se rencontre
« encore par-ci par-là quelques mûriers mâ-
« les appelés *mûriers*, dont on n'emploie pas la
« feuille, d'après le préjugé ridicule qu'elle fe-
« rait périr les vers à soie. Ces arbres, autre-
« fois, n'étaient élagués que rarement, tous les

« quinze ou vingt ans ; aussi étaient-ils rabou-
« gris, buissonneux, chancreux ; aujourd'hui ,
« on les taille tous les quatre ou cinq ans , tan-
« tôt immédiatement après la cueillette, tantôt
« à l'entrée du printemps.

« Depuis une douzaine d'années , on plante
« le mûrier greffé ; ce sont les pépiniéristes
« qui nous approvisionnent. Le mûrier rose
« est généralement préféré. On en distingue
« trois variétés : l'une , à fruits blancs, produit
« une feuille d'un vert clair et luisant, très-
« longue proportionnellement à sa largeur,
« et légèrement lobée, c'est le mûrier qu'on
« appelle *langue de bœuf* ; l'autre, à fruits noirs,
« dont le bois et les bourgeons se compor-
« tent comme le premier, mais dont la feuille
« est plus découpée ; la troisième variété a le
« fruit blanc, ses feuilles sont plus larges et
« plus épaisses que celles des deux premières,
« elles sont aussi d'un vert plus foncé, l'écorce

« du bois est plus jaunâtre, il se nomme *mû-*
« *rier de Provence.*

« On multiplie le mûrier par semis de
« graines et par la greffe; on ne fait ni bou-
« tures ni marcottes. On sème généralement
« la graine à la volée, quelquefois en lignes,
« à la distance de 21 à 27 centimètres; on
« arrose et l'on paille pour maintenir l'humi-
« dité; l'on sarcle et l'on bine; la graine se
« sème dans le mois de mai ou dans le mois
« de juillet, immédiatement après la récolte
« de la graine. Les premiers semis atteignent,
« à la fin de la première année, la hauteur
« de 13 à 16 centimètres, et les seconds, 8 à 10
« centimètres; au mois de mars suivant, on
« coupe la pourrette rez terre, et, la seconde
« année, elle atteint la hauteur de dix-huit
« pouces à deux pieds. On la vend de 1 fr. 50
« cent. à 2 fr. le cent; elle se transplante à cet
« âge au printemps; on bêche la terre à une

« profondeur de 32 centimetres et à plat, ou
« bien l'on défonce la terre par deux coups de
« bêche qui vont à une profondeur de 48 à 53
« centimètres; la pourrette se plante à 48 ou
« 65 centimètres et en lignes de la même dis-
« tance; elle est binée une fois ou deux, mais
« non arrosée. L'année suivante, on greffe
« au pied et en écusson; on détruit les bran-
« ches latérales du sauvageon; mais il est rare
« que la tige produite par la greffe ait des
« branches latérales la première année. La
« seconde année, on arrête la tête de l'arbre
« à 1 mètre 62 cent. ou à 2 mètres 27 cent. On
« laisse les trois ou quatre derniers bourgeons
« et on détruit tous les inférieurs. Les plants
« qui n'ont pas atteint cette hauteur la première
« année sont vendus pour faire des arbres
« nains ou à mi-vent, ou bien on les rabat à
« deux ou trois yeux, et, lorsqu'ils sont bien
« développés, on ne laisse que les plus vigou-
« reux pour former la tige de l'arbre, qui or-

20.

« dinairement atteint, cette année, la hauteur
« voulue (1 mètre 62 cent. au moins). La greffe
« en flûte ou en fente n'est pas usitée; on ne
« pratique que la greffe en écusson et à œil
« poussant. On greffe rarement en tête, parce
« qu'il faut ordinairement au sauvageon deux
« ans pour former la tige qui, d'ailleurs, est
« plus noueuse et a moins d'apparence pour
« la vente; elle grossit plus lentement; les
« mûriers greffés en pied se vendent la se-
« conde ou la troisième année, tandis que
« ceux greffés en tête ne peuvent se vendre
« que la quatrième ou même la cinquième
« année; il y aurait perte considérable pour
« les pépiniéristes.

« Pour planter les arbres à demeure, on fait
« un trou de 1 mètre 29 à 1 mètre 62 cent. de
« large et d'une profondeur de 48 à 65 cent.
« on plante ordinairement au printemps, à la
« distance de 5 à 6 mètres; on arrache les ar-

« bres et on les plante immédiatement; on
« laisse les grosses racines, seulement on les
« rabat à une longueur convenable, à 32, à 48
« centimètres; on met rarement des engrais;
« on plante en bordure des fonds, par con-
« séquent on ne choisit pas l'exposition; on
« recèpe les branches à quelques lignes de la
« tige; on ne met ni tuteurs pour soutenir les
« arbres, ni buissons pour les défendre. Ce
« n'est que la seconde année qu'on supprime
« les branches trop nombreuses; on en laisse
« de deux à quatre selon la vigueur de l'ar-
« bre. Il n'existe pas d'usage bien établi pour
« la taille des mûriers; généralement on ne
« taille pas du tout le mûrier pendant qu'il
« est jeune, et la taille ne commence que
« lorsque le mûrier est devenu adulte et a
« produit plusieurs récoltes de feuilles, et
« on ne le taille de nouveau que lorsqu'il est
« devenu buissonneux, aussitôt après la cueil
« lette de la feuille ou au printemps. On ne

« plante le mûrier qu'en bordure, et il ne re-
« çoit d'autres labours et d'autres engrais que
« ceux qui sont donnés aux champs qui l'en-
« tourent ; on commence généralement à cueil-
« lir la feuille du mûrier à haute tige lorsqu'il
« a atteint l'âge de 5 à 6 ans. La cueillette se
« fait en faisant glisser la main du bas en haut
« de la branche ; elle se fait ordinairement
« dans le courant de juin ; un homme en
« cueille de 40 à 50 kilogrammes par jour.
« L'arbre, à l'âge de cinq à six ans, produit
« 3 à 4 kilog. de feuilles ; à l'âge de douze à
« quinze ans, il en produit de 10 à 12 kilog.
« Nos anciens arbres, qui n'ont pas été trop en-
« dommagés par l'hiver rigoureux de 1838, en
« produisent communément de 35 à 40 kilog.
« On conserve la feuille dans un appartement
« frais et obscur, pendant un jour ou deux ;
« on la fait cueillir à la journée, et on donne
« à un homme 1 franc 50 centimes par jour,
« et à une femme ou à un enfant de douze à

« quinze ans, 1 franc. La feuille se vend ordi-
« nairement à tant le pied d'arbre, et rarement
« au poids ; lorsqu'on la vend ainsi, c'est 5 fr.
« le quintal, toute cueillie et émondée, qu'elle
« se paye. Dans le premier cas, le prix est très-
« variable ; cependant je crois qu'on pourrait
« l'estimer de 3 à 4 francs le quintal, prise sur
« l'arbre. Le mûrier à haute tige n'est en plein
« rapport qu'à l'âge de trente à quarante ans.
« Lorsqu'on plante un mûrier, il a ordinaire-
« ment, à la hauteur de 1 mètre, 8 à 10 cent.
« de circonférence ; à l'âge de cinq à six ans, il
« a 18 à 20 centimètres ; à l'âge de dix à douze
« ans, il a 32 à 40 centimètres ; et à l'âge de
« vingt à vingt-cinq ans, 53 à 65 centimètres.

« Dans notre canton, je ne connais personne
« qui ait consacré un champ entier à la planta-
« tion de mûriers en haies ; il existe cependant
« quelques haies de mûrier en bordures des
« fonds et pour leur servir de clôture ; mais
« ces haies sont généralement très-mal entre-

« tenues et souvent dévorées par le bétail qui
« va paître dans les champs. On plante les
« haies de mûriers comme celles d'arbustes ;
« on pratique autour des fonds qu'on veut
« clore une rigole de 32 à 40 centimètres de
« large sur autant de profondeur ; on y place la
« pourrette de mûriers de deux ans, à 40
« ou 48 centimètres de distance, inclinée de
« 25 à 30 degrés, la racine du côté du champ,
« et la tige du côté du fossé ; on couvre de
« terre sans fumier, et ensuite, à la distance
« d'un pied des plants, on creuse le fossé qui
« doit servir de clôture au champ, en jetant la
« terre sur les racines des plants ; on taille en-
« suite ces plants à la hauteur de 8 à 10 centi-
« mètres ; les deux premières années on sarcle
« et on bine une fois ou deux ; on ne donne en-
« suite d'autre culture à ces haies que celle
« que reçoit le champ. Cependant, lorsqu'on
« les coupe rez terre, ce qui arrive tous les
« quatre à cinq ans, on repurge les fossés et

« on nettoie les haies, du côté de la berge,
« et on bêche sur la haie et du côté du champ
« à une largeur de 65 centimètres à 1 mètre.
« On ne supprime aucunes tiges qui poussent,
« soit après la plantation, soit après la taille ;
« on ne récolte la feuille que deux ou trois
« ans après la plantation ; on ne taille qu'au
« printemps, et, cette année là, on ne récolte
« pas ; la haie ne reçoit d'autres fumures que
« celles du champ ; les bourgeons se déve-
« loppent ordinairement dans la dernière
« quinzaine d'avril ; comme la feuille est de
« quelques jours plus précoce que celle des
« arbres à haute tige, on l'emploie à la nour-
« riture des vers pendant leurs premier et
« deuxième âges ; on n'a pas remarqué qu'elle
« leur fût contraire ; si on l'emploie à cette
« époque, c'est qu'elle est plus facile à cueil-
« lir, et que par là on conserve la feuille des
« grands arbres pour les derniers âges. Les
« haies peuvent durer trente à quarante ans

« et même davantage ; on ne remplace pas
« le plant mort. Il n'y a point de taillis dans
« notre canton, et je ne crois pas qu'on puisse
« en établir avec avantage.

« Il n'y a que trois ou quatre propriétaires
« dans notre canton qui aient, depuis peu d'an-
« nées, consacré un champ à la culture du mû-
« rier nain ou à mi-vent.

VERS À SOIE.

« L'éducation des vers à soie se fait dans
« nos pays d'une manière bien imparfaite.
« Voici comment on procède :

« Aussitôt que les bourgeons des mûriers
« commencent à se développer, on met les œufs
« des vers à soie dans un petit sachet, que les
« femmes portent sur leur estomac. L'éclosion

« a lieu au bout de six à huit jours, ce qui
« a lieu ordinairement dans la dernière quin-
« zaine d'avril. On transforme en atelier la
« cuisine ou un appartement à côté, qui sert
« à l'entrepôt des objets dont on a un besoin
« journalier; on lève ces insectes naissants au
« moyen de jeunes bourgeons que l'on met
« sous le sachet que l'on a ouvert; on les
« place dans des boîtes que l'on met près du
« feu, ou sur le lit des habitants, avec des
« cruches, à côté, pleines d'eau chaude ; on
« referme le sachet, on le met de nouveau
« sur soi, jusqu'au lendemain où l'on pro-
« cède à une nouvelle levée ; ainsi de suite
« jusqu'à l'entière éclosion des œufs, ce qui
« dure ordinairement trois à quatre jours. On
« donne, dans les deux premiers âges, quatre
« à cinq repas de feuilles tendres, mais non
« coupées. Depuis quelques années il y a quel-
« ques personnes qui, pendant ces deux âges,
« coupent la feuille avec des ciseaux. Pendant

« les trois derniers âges, on ne donne que
« trois repas, le matin, à midi, et le soir. La
« feuille n'est que grossièrement émondée.
« Lorsque les vers ont pris un accroissement
« un peu considérable, ce qui arrive au troi-
« sième ou au quatrième âge, et qu'on ne
« peut les contenir dans des boîtes ou des
« *paliasses* (formes pour les pains), on enlève
« de la cuisine les lits et les meubles, que
« l'on met en entrepôt dans une autre pièce
« ou un grenier; on établit des tables qui sont
« formées par quatre planches de 3 mètres 10
« cent. de long et peuvent former une largeur
« d'environ un mètre; on y place les vers.
« On établit ces tables au fur et à mesure du
« besoin. Lorsque l'espace manque dans la
« cuisine, on monte les vers au grenier, et on
« les place souvent sur le plancher; on ne
« lève et on ne nettoie les vers qu'à chaque
« mue; cependant cette opération se répète
« deux ou trois fois pendant le dernier âge.

« Il est difficile de connaître le degré de
« chaleur qui existe dans ces ateliers, où l'on
« ne fait du feu que pour le besoin du mé-
« nage, et où les vers sont par conséquent
« soumis à toutes les variations de l'atmos-
« phère ; cependant quand le temps est très-
« froid, tel qu'il a été cette année (1841) au
« commencement de juin, quelques éduca-
« teurs établissent leur poêle et l'allument le
« soir et le matin. On ne peut pas connaître
« non plus, d'une manière même approxima-
« tive, quelle est la quantité de feuilles em-
« ployées dans les divers âges, ni l'espace
« qu'occupent les vers sur les claies ou plan-
« ches. Pendant l'éducation, et surtout pen-
« dant les deux premiers âges, il périt néces-
« sairement une grande quantité de vers ; on
« n'a ni tamis, ni filets ; on donne la feuille
« à la main, et on délite au moyen de bour-
« geons ; on rame avec la paille du colza ; on
« dérame huit jours après la montée des vers.

« Pour faire la graine, on forme une espèce de
« couronne avec les cocons, au moyen d'une
« aiguille et d'un fil ; on suspend cette cou-
« ronne de cocons au mur de la cuisine qui
« a servi d'atelier, et, au fur et à mesure que
« les papillons sortent, on les place sur un
« linge de chanvre ou de coton qui est sus-
« pendu à côté des cocons. On les laisse as-
« semblés pendant vingt-quatre heures ; au
« bout de ce temps, on enlève les mâles, et
« les femelles restent là jusqu'à leur mort.
« On conserve la graine sur les linges où les
« papillons l'ont déposée, dans un meuble où
« l'humidité ne pénètre pas ; on l'enlève au
« printemps au moyen d'un couteau, après
« avoir fait tremper le linge dans l'eau pendant
« quelques minutes. Le produit de ces éduca-
« tions est extrêmement variable, cependant on
« peut le porter de 15 à 25 kilogrammes de
« cocons par once d'œufs ; il est quelquefois
« supérieur, mais il est souvent au-dessous,

« et quelquefois nul. Les éducations sont de
« une à deux onces. »

Mais si les détails qui précèdent ne retra-
cent que trop fidèlement les méthodes suivies
par la plupart des éducateurs de l'Isère, le
département peut citer aussi d'heureux efforts
tentés sur divers points pour importer de
meilleurs procédés.

Dans le canton de la Tour-du-Pin, les
femmes font éclore la graine en la portant
pendant quelques jours sur leur sein, enfer-
mée dans un sachet. Quand les vers sont éclos,
ce qui a lieu ordinairement à la fin d'avril ou
dans les premiers jours de mai, à l'époque où
la feuille du mûrier commence à se développer, on se sert de papier troué pour les faire
monter; on les place dans une chambre
chauffée par un poêle, et on les tient près du
feu pendant deux ou trois jours. Durant le

premier et le second âge, la feuille est coupée
très-menue avec un couteau et distribuée à la
main ; on ne change qu'une seule fois la litière jusqu'à la première mue; à partir de
cette époque, on délite deux fois dans l'intervalle d'un âge à l'autre. Les vers reçoivent
quatre repas par jour. Pour ramer, on emploie
la bruyère, le charme, le châtaignier, ou de
la paille liée en paquets quand la bruyère vient
à manquer; on dérame au bout de huit ou
dix jours; on laisse les papillons s'accoupler
selon l'ordre de la nature, dans la chambre
même où l'éducation a eu lieu. On reçoit la
graine sur une étoffe de laine; les papillons
mâles sont séparés des femelles deux heures
après qu'ils se sont accouplés; la graine est
conservée dans les armoires. On estime qu'une
once de graine donne 5o kilogrammes de
cocons, lesquels produisent 5 kilogrammes de
soie filée. Dans cet arrondissement, on élève
des vers sina, mais surtout le petit nankin.

Dans le canton de Morestel, M. Michoud (Antoine), maire de la commune de Saint-Victor, a adopté la méthode suivante. Il lave la graine avec du vin et la fait éclore dans un *placard* derrière la cheminée; suivant que la chaleur est plus ou moins forte, on ouvre ou l'on ferme le tiroir qui renferme la graine; l'éclosion a lieu quelquefois au 2 mai; cette dernière époque coïncide généralement avec le développement de la feuille du mûrier.

L'espèce de vers préférée par cet éducateur est la jaune, connue sous le nom local de *vaches*. Pendant tout le temps de l'éducation, on maintient une chaleur de 18 à 20 degrés dans l'atelier; les vers font sept repas dans le premier âge, six dans le second, cinq dans le troisième, et quatre dans les derniers. La feuille est émondée pendant le premier âge; dans le second âge, elle est encore légèrement émondée; elle est coupée jusqu'au troi-

sième âge exclusivement. On ne délite qu'une
fois, au premier et au deuxième âge; pendant le troisième, le quatrième et le cinquième âge, on délite deux fois. M. Michoud
se sert de filets et de papier percé avec un
emporte-pièce; les vers posent sur des étagères garnies de toiles fixées à ces étagères
par des clous; on les lave chaque année à la
fin de l'éducation. On rame avec des bruyères
ou, quand celles-ci manquent, avec du menu
bois ou de la paille de colza; on dérame au
bout de huit jours. Les papillons s'accouplent
dans l'atelier même; les mâles sont enlevés
dès que les femelles ont été suffisamment fé-
condées; la graine est reçue sur des étoffes
de toile. Une once de graine des *vaches* produit 5o kilogrammes de cocon, dont on retire de 5 à 6 kilogrammes de soie. La graine
se vend 5 à 6 francs l'once.

Dans l'arrondissement de Grenoble, les

vers font trois repas dans le premier âge ; M. Buisson, habile éducateur à la Tronche, leur en donne cinq. La feuille est coupée jusqu'au second âge, on la distribue à la main ; les filets ne sont employés que chez les propriétaires. Jusqu'au quatrième âge, les vers font trois repas ; après ce temps, on leur donne autant de feuilles qu'ils en veulent ; ils ne reçoivent rien la nuit. Chez la plupart, les vers sont souvent couverts de 10 à 15 centimètres de feuilles ; quand l'éducation ne marche pas bien, on brûle du vinaigre dans l'atelier, ou bien on y apporte des fleurs très-odoriférantes, il vaudrait mieux, sans contredit, donner de l'air aux vers, on atténuerait ainsi la plupart des inconvénients qui naissent de magnaneries étouffées. Les mâles sont séparés des femelles cinq à six heures après l'accouplement. La race préférée est le *petit espagnol ;* on trouve qu'elle produit, en soie, un quart de plus que la race commune.

21.

A Villars-Bonnot, les propriétaires donnent cinq repas aux vers pendant toute leur vie ; on préfère les nourrir avec la feuille du mûrier sauvage ; l'éducation dure environ trente jours ; on dérame vers le dixième jour ; les mâles, accouplés le matin avec les femelles, en sont séparés le soir.

Dans l'arrondissement de Saint-Marcellin, chez M. Farconnet, élève de M. Camille Beauvais, on se sert d'une *couveuse* pour faire éclore la graine ; le local est d'abord échauffé à 12 degrés et on élève successivement la température jusqu'à 20 degrés. Du premier âge au deuxième inclusivement, on donne huit repas ; on laisse un intervalle de trois heures entre chaque repas. La feuille est coupée jusqu'au troisième âge ; on se sert du tamis pendant le premier âge. Au troisième âge, les vers font six repas ; au dernier âge, on ne leur donne que cinq repas. Pendant toute la durée de l'éducation, l'atelier est maintenu à une température de 17 à 18 degrés. On emploie la bruyère pour ramer; vers le neuvième ou le dixième jour, on dérame. Les papillons s'accouplent dans une chambre assez obscure, depuis huit heures du matin jusqu'à quatre heures du soir.

Chez M. Farconnet, une once de graine produit 50 kilogrammes de cocons. Dans le pays, depuis qu'on imite les nouveaux procédés, on obtient 30 kilogrammes par once; avant, on ne recueillait que 20 kilogrammes.

PRAIRIES.

Les principales prairies soumises à une exploitation régulière sont situées dans l'arrondissement de la Tour-du-Pin; les arrondissements de Saint-Marcellin et de Grenoble en comptent d'assez étendues, mais c'est dans la montagne qu'on les rencontre, pour ainsi dire, exclusivement : la nature en fait seule tous les frais, l'homme se borne généralement à recueillir leurs produits sans même prendre la peine de les soumettre à un système d'irrigation, bien que l'eau offre partout les moyens d'en tirer le plus grand parti ; l'arrondissement de Vienne ne possède qu'un très-petit nombre de prairies.

La plupart des prairies qui s'étendent depuis Morestel jusqu'à Les Avesnières et les bas fonds de Vezeron sont tourbeuses ; entre autres plantes, on y trouve surtout les *sphagnum obtusifolium* et *acutifolium* ; *eriophorum vaginatum, polystachion, angustifolium* ; les *juncus squarrosus, effusus, conglomeratus, acutiflorus* ; le *lychnis floscuculi* ; les *ranunculus flammula, lingua, repens* ; le *cardamine pratensis* ; le *pinguicula vulgaris* ; le *pedicularis palustris* et *sylvatica* ; le *triglochin palustre* ; plusieurs espèces de *galium;* le *rhinanthus cristagalli,* les *scipus maritimus* et *lacustris;* plusieurs *carex;* le *calamagrostis colorata* et différentes graminées de bonne nature.

Ces prairies, dans leur état actuel, ne donnent qu'un foin grossier, mais abondant, par suite de l'excès d'humidité dont elles souffrent et qui tend à propager les plantes marécageuses, au détriment des bonnes plantes à fourrages; on les améliorerait facilement en établissant des tranchées et en entourant les bas fonds d'un grand fossé ou canal d'enceinte destiné à recevoir le trop plein des rigoles de desséchement; cette opération devrait être combinée avec l'emploi de la chaux et des cendres.

La fauchaison commence du 15 au 20 juin et se renouvelle jusqu'à trois fois par an, dans les localités où l'on pratique l'irrigation

par immersion. L'herbe des prairies tourbeuses se fauche ordinairement avant la floraison pour être donnée en vert au bétail;
celle des prairies moins humides ne fournit
qu'une coupe qu'on fauche, le plus souvent,
pour les besoins de la morte saison : ces dernières sont fauchées lorsque la fleur commence
à passer. On laisse l'herbe en andain jusqu'à
ce qu'elle soit suffisamment fanée; après ce
temps, on l'éparpille avec des fourches de
bois, puis, quand elle a atteint un certain degré de dessiccation, on la réunit en longues
chaînes (truites); pour la mettre en meulons,
on attend que l'herbe soit à moitié sèche. Les
prairies basses rendent, par chaque coupe,
de 4 à 5,000 kilogrammes de foin par hectare;
les prairies sèches donnent rarement plus
de 3,000 à 3,500 kilogrammes.

Dans les excellentes prairies situées près
de Bourgoin, on fait généralement deux

coupes. La première coupe produit de 4 à 6,000 kilogrammes de foin sec par hectare; la deuxième rend un tiers en moins de cette quantité ou même moitié moins; on a, en outre, un pâturage. On fume tous les quatre ans. L'irrigation se fait par infiltration; les eaux qu'on emploie à cet usage sont des eaux vives et très-douces.

Dans la partie montagneuse du département, la fenaison a lieu communément du 1ᵉʳ au 15 juillet; dans quelques vallées, elle commence à la Saint-Jean; on y obtient deux coupes et un regain. La première donne environ 4,000 kilogrammes de foin sec par hectare; la seconde produit moitié moins. Le regain est pâturé. Le plus grand nombre des cultivateurs sont dans l'usage de conserver leur foin dans des fenils ou sous des hangars; quelques-uns le gardent aussi en plein air, dans des meules. M. Didier Bernard, cultivateur fort intelligent, a adopté, dans ces derniers temps, un procédé très-ingénieux pour la conservation de son foin. Les fourrages restent toute l'année dans une partie de la cour, abrités sous un toit mobile en chaume qu'on élève ou qu'on abaisse à volonté, à l'aide de deux poulies placées à l'extrémité de deux pièces de bois qui servent de montants. Ce système fort ingénieux permet de subvenir commodément à la consommation journalière du bétail; le foin se conserve très-bien de cette manière et ne craint pas de s'altérer dès que la meule est entamée, comme cela a lieu souvent lorsque les meules ne sont pas recouvertes d'un chapeau mobile. Le prix de ces hangars mobiles, construits en sapin, ne dépasse pas 100 francs.

Les plus belles prairies du département sont celles établies à Chichilianne, par M. Bonnard : système d'irrigation, limonage de la prairie, sont parfaitement entendus chez cet habile propriétaire ; c'est le meilleur modèle qu'on puisse proposer aux habitants de l'Isère, dont les exploitations se trouvent dans une position analogue, au pied des montagnes et dans le voisinage d'un cours d'eau.

BÉTAIL.

On peut ranger les animaux consacrés au service de la culture, dans l'Isère, en deux catégories : les animaux de trait et les animaux de rente. La première catégorie comprend les chevaux, la race bovine et les mulets ; la deuxième, les vaches, les moutons et les porcs.

CHEVAUX.

Bien que l'on rencontre plusieurs chevaux de race comtoise et de la Bresse dans plusieurs localités du département, surtout dans l'arrondissement de la Tour-du-Pin, la race dominante est celle du pays ; les caractères qui la distinguent sont : une petite taille, une tête mal portée, un chanfrein plat, la poitrine large, la queue bien plantée, les jambes assez fines ; la plupart de ces animaux sont laids de forme, mais, en revanche, ils sont très-sobres et très-robustes. La couleur du poil varie depuis le noir jusqu'au gris perlé ; les chevaux bais et rouges ne sont pas rares.

Les procédés d'élevage et d'entretien diffèrent peu dans chaque arrondissement.

Dans celui de Vienne, la jument est saillie à trois ans ; l'étalon sert à trente mois ; le poulain tette six à sept mois ; pendant ce temps, on lui donne quelques poignées d'avoine. On le sèvre quand il mange bien le

fourrage, on le châtre lorsque les testicules
sont bien formés. Chez les petit cultivateurs,
il commence à travailler dès l'âge d'un an ;
on l'attelle déjà à la charrette, ce qui l'empêche de se développer et ruine promptement
ses forces ; chez les cultivateurs plus aisés,
il va au labour à trente mois et n'est mis à
la charrette qu'à trois ans. Le cheval fait va au
labour, en été, depuis cinq heures du matin
jusqu'à onze heures, et se repose à l'écurie
pendant quatre heures ; il repart à trois heures pour les champs, et n'en revient qu'à sept
ou huit heures du soir ; la journée totale est
de dix à onze heures. L'hiver, les chevaux ne
font qu'une seule attelée, laquelle commence
à huit ou neuf heures du matin et finit à deux
heures. En tout temps, ils font trois repas ; ils
consomment environ 15 kilogrammes de luzerne ou de trèfle et reçoivent, en outre,
une ration de trois litres d'avoine à chaque
repas. L'avoine est quelquefois remplacée
par le son.

Dans la commune de Bron, le service des chevaux est extrêmement pénible pendant l'hiver. Ces animaux vont chercher, la nuit, à Lyon, la matière fécale destinée à engraisser les terres; ils se reposent quelques heures en arrivant, et sont occupés, le jour, à répandre l'engrais sur le sol. Ils reçoivent, pendant cette saison, deux picotins d'avoine par jour, et, en outre, du fourrage à discrétion.

Dans le canton de la Verpillière, les chevaux sont tenus ainsi qu'il suit : la jument est saillie à deux ans et demi; le poulain tette pendant six à sept mois; il est châtré à deux ans, et commence à travailler à un an et demi. Les chevaux de tout âge ne reçoivent d'avoine qu'à l'époque des semailles. L'hiver, ils sont nourris avec de la paille et de la mêlée (chaume dans lequel se trouvent de mauvaises herbes qu'on fauche après l'enlèvement des céréales); chez quelques particuliers, on leur donne

aussi des betteraves, des pommes de terre
cuites et du son. Les chevaux de travail vont
aux champs, l'été, à cinq heures du matin;
ils en reviennent à dix, repartent entre deux
et trois heures, et rentrent au soleil couché;
on compte en général sur huit heures de
travail dans la belle saison. L'hiver, les chevaux ne font qu'une seule *jointe;* ils partent
à dix heures du matin et rentrent entre deux
et trois heures.

Dans le canton de Vienne, la jument est
saillie à trois ans; le poulain tette pendant
quatre mois; plusieurs cultivateurs ne le sèvrent pas; on châtre à trois ans; on exige dix
heures de travail pendant les longs jours. La
nourriture consiste en paille mêlée, en trèfle,
en luzerne et en foin. La ration journalière
est estimée à 14 ou 15 kilogrammes de foin,
ou à 16 ou 17 kilogrammes de trèfle ou de
luzerne; les fourrages ne sont pas bottelés.

A la Côte-Saint-André, on donne 4 litres d'avoine par jour à chaque cheval, à l'époque des grands travaux de la culture.

Dans le canton de Crémieux, les juments font leur premier poulain à quatre ans; quelques cultivateurs, cependant, les font saillir à deux ans; la jument travaille huit ou dix jours après avoir pouliné; on lui donne, pendant ce temps, le meilleur fourrage, et, dans les grandes chaleurs, de l'eau blanche. Le poulain tette pendant six ou huit mois; il est châtré à deux ou trois ans, commence à labourer et à herser à dix-huit mois, ce qui est beaucoup trop fatigant pour ses forces; à deux ans et demi, il charrie. Les chevaux adultes font trois repas, le matin, à midi et le soir; leur nourriture consiste en trèfle, luzerne, sainfoin, mêlée, ainsi qu'en pommes de terre cuites et en farine de sarrasin; dans les grandes chaleurs, on leur donne des bois-

sons blanches à midi; le soir, ils vont au pâturage.

Dans le canton de Morestel, on est dans
l'usage de ne pas faire travailler la jument
quelques jours avant la mise bas; le poulain
tette pendant trois mois, commence à labourer à un an et demi; à deux ans, il fait les
charrois. Le poulain ne reçoit d'avoine que
par exception. Les chevaux de labour vont
aux champs, le matin, depuis quatre heures
jusqu'à sept; ils suspendent leur travail jusqu'à huit heures, pour le reprendre jusqu'à
midi; à deux heures, ils retournent aux
champs jusqu'à sept heures : en tout, onze
heures de travail. L'hiver, les chevaux partent
à sept heures et demie pour rester aux champs
jusqu'à midi; ils demeurent à l'écurie jusqu'à
deux heures, et rentrent ensuite à la nuit. Ils
sont nourris avec des fourrages verts pendant
l'été, et reçoivent du trèfle, du sainfoin, de la

luzerne et du foin pendant l'hiver. La ration
journalière d'un cheval est portée à 12 kilogrammes de foin.

Dans les cantons de Bourgoin et de la Tour-
du-Pin, les juments sont, le plus souvent,
saillies à deux ans; quelques cultivateurs ne
les font saillir qu'à la troisième année. Le
poulain tette pendant six mois; la jument va
à la charrue jusqu'au moment du poulinage;
après la mise bas, on lui laisse quinze jours
de repos; pendant l'allaitement, elle reçoit
un peu d'avoine ou de son. Le poulain est mis
au charroi à deux ans et demi; la pouliche,
comme plus énergique, dès l'âge de deux ans;
on la fait aussi herser, chaque soir, pendant
une heure ou deux. La ration alimentaire, est
évaluée de 15 à 20 kilogrammes par jour;
mais, comme les fourrages ne sont ni pesés
ni bottelés, il est difficile de savoir au juste
ce que consomment les animaux, une partie

de leur nourriture ayant le sort de la litière par suite de la négligence des domestiques, qui chargent les rateliers outre mesure. La journée de travail commence, l'été, à cinq heures du matin; les chevaux restent aux champs jusqu'à onze heures; le soir, ils retournent au travail à deux heures jusqu'à sept. Dans les jours les plus courts de l'hiver, on ne fait qu'une seule attelée; elle commence à neuf heures et finit à trois heures du soir.

Dans le canton du Pont-de-Beauvoisin, la jument est saillie de deux à trois ans; la mère travaille légèrement jusqu'au moment du part; après la mise bas, on lui donne quinze jours de repos. Le poulain tette pendant cinq ou six mois. L'hiver, les chevaux sont nourris avec de la paille de froment et d'avoine; on leur donne un peu de foin avant de les faire boire. Au printemps, ils sont mis au vert pendant un mois. La journée de travail commence,

l'été, à quatre heures jusqu'à sept heures ;
les chevaux retournent aux champs à huit
heures et demie ; ils y restent jusqu'à onze,
excepté dans les grandes chaleurs, où on les
laisse à l'écurie de neuf à onze heures du matin ; le soir, ils retournent aux champs à trois
heures et travaillent jusqu'à la nuit : en tout dix
heures. L'hiver, ils passent une grande partie
de leur temps à l'écurie ; sauf quelques transports, les travaux ne sont plus réguliers à cette
époque.

Dans l'arrondissement de Saint-Marcellin,
la jument est saillie à trois ans environ ; elle
travaille jusqu'au moment du part, mais on
a soin de la ménager ; il en est de même après
la mise bas. Le poulinage n'interrompt pas
le travail accoutumé ; pendant l'allaitement,
on la nourrit avec du foin ou de la luzerne
et du trèfle ; le poulain est sevré à six ou huit
mois ; on le châtre à dix-huit mois ou deux

ans; il commence à travailler dès la deuxième année; les bons cultivateurs attendent la troisième année pour le mettre au charroi. On donne rarement de l'avoine aux chevaux.

L'arrondissement de Grenoble n'élève pour ainsi dire point de chevaux; tout serait à créer, sous ce rapport, si l'on venait à adopter ces animaux pour la culture. Jusqu'ici on y emploie presque exclusivement les bœufs au travail de la terre, ainsi qu'aux charrois. On commence à élever quelques mulets dans cette partie du département.

BÊTES BOVINES.

Les bêtes bovines sont fréquemment employées aux opérations de la culture dans le département de l'Isère; dans plusieurs arrondissements, elles partagent ce travail avec les chevaux et les mulets; dans l'arrondissement de Grenoble, elles sont presque exclusivement affectées à ce genre de service.

Il n'existe pas de race bovine propre au département de l'Isère; les animaux qu'on y rencontre proviennent de divers sangs plus ou moins mélangés les uns avec les autres; c'est ainsi qu'on trouve des types de la race bovine des Dombes, du Bugey et surtout de l'Auvergne. Cette dernière a, pour ainsi dire, fait disparaître l'espèce originaire du pays; mais, comme les croisements n'ont pas été effectués avec le soin et la persévérance qu'ils exigeaient, la race, bien que s'étant améliorée, est encore fort médiocre; c'est un mélange confus où l'on observe la plupart des défauts particuliers aux animaux des départements environnants, et quelques-unes de leurs qualités héréditaires.

Dans plusieurs localités de l'Isère, on se livre, depuis plusieurs années, à l'amélioration de la race indigène, par des croisements avec des taureaux suisses tirés de Schwitz, de Berne et de Fribourg; mais les succès partiels que quelques propriétaires éclairés ont obtenus, ne détruisent pas le principe qui veut qu'on s'attache d'abord à la mère pour perfectionner la race. Les vaches de l'Isère, dans leur état actuel, laissent beaucoup à désirer. Nous serions tenté de penser qu'avant de songer à importer dans le département des taureaux suisses d'une grande perfection, il faudrait d'abord s'attacher à relever le sang indigène par des croisements judicieux avec les plus beaux taureaux nés dans la montagne; les vaches de la plaine, mises ainsi en contact avec des mâles de moyenne taille et vigoureusement constitués, donneraient des produits supérieurs à la race actuelle : avec un bon régime alimentaire, il

suffirait d'un petit nombre de générations pour
amener les bêtes du pays à recevoir des races
très-perfectionnées; les taureaux de Berne,
et, mieux encore, ceux d'Appenzell et de
Schwitz, beaucoup moins difficiles sur la nourriture, réussiraient fort bien dans les pâturages
de la montagne.

Quoi qu'il en soit, la race actuelle se reconnaît à sa charpente osseuse, à sa tête petite, à son œil fauve et à son fanon médiocre.
Son bassin a peu de développement; la queue
est relevée, les jambes sont fines et nerveuses,
et les jarrets sont bien évidés. Les bêtes, en
général, sont alertes et résistent fort bien à la
fatigue.

Les méthodes suivies pour l'élevage et l'entretien des bêtes bovines ne sont pas partout
les mêmes.

Dans le canton de Meizieux, les vaches sont saillies à dix-huit mois, les taureaux commencent à saillir à deux ans jusqu'à trois ans et demi; un seul taureau sert cent vaches, proportion énorme qui épuise bientôt l'animal et rend ses produits chétifs; chaque saillie coûte 75 c. Le veau d'élève tette pendant quinze jours ou trois semaines; beaucoup de cultivateurs préfèrent lui faire boire le lait; l'expérience, en effet, prouve que la mère est bien moins fatiguée de la sorte, et que le veau ne s'en élève que mieux, n'étant point exposé à jeûner si la vache, par une cause quelconque, perd une partie de son lait. Le veau d'engrais tette pendant quinze jours ou trois semaines, souvent aussi beaucoup moins.

Après le sevrage, on donne au veau du foin haché infusé dans de l'eau bouillante. L'animal est châtré à trois ans : on le bistourne. La vache qui nourrit reçoit du foin de la luzerne ou du trèfle et du son; l'hiver, on lui donne de la mêlée et des pommes de terre, tantôt crues, tantôt cuites, et servies alors dans la boisson. Les animaux font trois repas par jour dans la morte saison : le matin à sept heures, à midi et à quatre heures. Chaque bête consomme environ 15 litres de pommes de terre par jour. L'été, les bêtes vont au pâturage depuis quatre heures du matin jusqu'à neuf, heure à laquelle elles reviennent à l'étable, à cause des mouches et de la chaleur; le soir elles retournent au pâturage, vers les cinq heures, jusqu'à la nuit.

Dans les grandes fermes, les animaux sont soumis à la stabulation permanente pendant neuf mois de l'année; ils vont au pâturage depuis la première quinzaine d'août jusqu'aux premières gelées, c'est-à-dire jusqu'au 15 novembre; quelques-uns y prolongent leur séjour jusqu'en décembre, lorsque la saison n'est pas trop rude. Les labours, dans ce canton, s'exécutent avec des chevaux.

Dans le canton de la Verpillière, la vache est saillie à quinze mois; le taureau sert à un an jusqu'à deux ans et demi; à cet âge, on le bistourne. Le veau tette pendant quinze jours ou trois semaines; chez les petits cultivateurs, il est souvent vendu pour la boucherie à la fin de la première semaine, malgré les défenses de l'autorité, qui s'oppose, avec raison, à ce qu'on livre à la consommation une viande aussi peu faite. L'hiver, les vaches sont nourries avec de la paille et un peu de regain; chez beaucoup de cultivateurs, elles reçoivent encore des pommes de terre et de la *gabouille,* espèce de soupe faite avec des feuilles de chou, de l'eau de vaisselle, du petit-lait et des pommes de terre. Cette excellente nourriture se donne principalement aux vaches laitières. Dans ce canton, les labours se font, en

général, avec des chevaux; on attelle cependant quelques bœufs et des vaches à la charrue. Les vaches qui travaillent donnent de
trois à quatre litres de lait; les autres, de cinq
à six litres.

Dans le canton de Saint-Symphorien, les
vaches sont saillies à deux ans; les taureaux
sont employés depuis deux ans jusqu'à six; on
les bistourne à cet âge. Le veau tette pendant
deux ou trois semaines. Au moment du sevrage, on lui donne de la soupe et du lait
pendant plusieurs jours, ensuite il reçoit de
la verdure; les vaches sont nourries l'hiver
avec du trèfle, de la luzerne, du sainfoin et
des pommes de terre cuites; plusieurs cultivateurs emploient aussi les betteraves. On
estime que les vaches consomment par jour
environ 15 kilogrammes de fourrage sec; les
bonnes laitières rendent de sept à huit litres
de lait chaque jour après le vélage. L'été, les

bêtes vont pâturer le matin de six à onze heures; elles rentrent à l'étable où on les nourrit avec des fourrages verts; elles ressortent à trois heures pour ne rentrer qu'à la nuit.

Les bêtes bovines ne labourent pas dans le canton.

Dans le canton de Vienne, les vaches sont saillies à seize mois; le taureau commence à servir à un an et demi ou deux ans. Quelque temps avant le vélage, on donne des eaux blanches à la vache, et on la nourrit avec des soupes; elle donne cinq litres de lait par jour. Le veau tette pendant trois semaines, et seulement pendant quinze jours près de la ville. L'élève d'engrais tette pendant deux mois et demi; on le sèvre complétement à trois mois. Le taureau est bistourné à trois ans et demi. La nourriture d'hiver consiste en mêlée et en regain. Depuis avril jusqu'à novembre, les bêtes sont envoyées au pâturage. La plupart des labours s'exécutent avec des chevaux.

A la Côte-Saint-André, les vaches sont saillies à dix-huit mois; le taureau commence à servir à deux ans, on le bistourne à trois; le veau d'engrais tette pendant quinze jours, l'é-lève, pendant six semaines; la vache qui nour-rit reçoit des eaux blanches et du foin. Lors du sevrage, on donne au veau un peu de four-rage sec et des soupes; il ne va pâturer qu'en septembre sur les regains. Les bêtes de travail sont à la charrue quatre heures le matin et quatre heures le soir.

Dans le canton de Crémieux, les vaches com-mencent à mettre bas à trois ans, le taureau sert à partir de deux ans jusqu'à cinq; il suffit à qua-rante-cinq vaches. On paye 3o centimes pour chaque saillie; on bistourne les mâles destinés au travail. Le veau de boucherie tette pendant trois semaines. Les petits cultivateurs qui ne peuvent nourrir suffisamment leurs vaches vendent le veau au bout de huit ou quinze jours au plus tard; les règlements de police, à cet égard, sont fort mal observés. Le veau d'élève tette de un mois à six semaines; vers le vingtième jour on commence à lui donner de l'herbe, de la luzerne et du lait d'une vache autre que sa mère. La vache qui nourrit reçoit une boisson composée de farine de sarrasin, de son, d'orge et de fourrage. L'été, les bêtes vont deux fois par jour au pâturage, depuis cinq heures du matin jusqu'à neuf ou dix heures; quand il y a trop de rosée ou s'il pleut, on leur donne un peu de paille; elles ressortent vers les trois ou quatre heures de l'après-midi, pour ne rentrer que sur le soir. Les vaches et les bœufs soumis au travail font deux attelées, l'été, depuis cinq heures jusqu'à onze, et depuis deux heures jusqu'à six; en tout dix heures de travail. Elles vont alors pacager à deux

heures du matin, et le soir en quittant la char
rue. L'hiver, les animaux sont nourris avec
de la paille mêlée de foin.

Dans le canton de Morestel, les vaches
sont généralement saillies à quinze mois; les
propriétaires éclairés ne les livrent au taureau qu'à deux ans. Le taureau sert depuis deux
ans jusqu'à cinq; après ce temps, on le bistourne. Le veau de boucherie est souvent
abattu le huitième jour; en général, on le
laisse tetter jusqu'au quinzième. Celui d'élève
tette pendant un mois; lors du sevrage, on lui
sert, pendant une quinzaine de jours, des
soupes, et on l'envoie ensuite pâturer. Il est
quelques propriétaires qui le gardent pendant
trois mois à l'étable avant de le soumettre au
régime ordinaire des autres animaux, devenus
bêtes adultes. L'hiver, les vaches sont nourries avec de la paille et du foin grossier récolté dans les marais. Les bonnes laitières

fraîchement vêlées donnent quatre litres de lait. Les bœufs, dans ce canton, labourent concurremment avec les chevaux.

Sur les bords du Rhône, entre Travers et la Balme, dans l'arrondissement de la Tour-du-Pin, la race des bêtes bovines est très-petite ; elle a les cornes recourbées en arrière, le bassin étroit, le ventre pendant et le pis médiocre, tous les caractères, en un mot, d'une race dégénérée. Les vaches sont saillies à quinze mois ; elles vivent pêle-mêle avec le taureau, qui se livre ainsi beaucoup trop tôt à la reproduction ; on compte un taureau par cinquante vaches. Le veau destiné à la boucherie tette pendant quinze jours ou trois semaines ; l'élève tette de trois à cinq semaines ; on lui donne des soupes faites avec du lait et de la farine de maïs. Le taureau est bistourné vers deux ans et demi ; vaches et bœufs commencent à travailler à trois ans jusqu'à huit

ou dix ans ; l'été, ils vont aux champs depuis
cinq heures et demie jusqu'à onze heures et
demie. On ne fait également qu'une seule attelée pendant l'hiver; celle-ci commence à
sept heures du matin et finit à trois heures
du soir. Dans la belle saison, on envoie les
animaux au pâturage à deux heures du matin ;
ils y retournent le soir vers cinq heures. La
nourriture d'hiver consiste en mêlée.

Dans les cantons de Bourgoin et de la
Tour-du-Pin, la vache est saillie à deux ans;
le taureau commence son service à deux ans
et le finit à quatre ou cinq ans; le veau de
boucherie tette depuis huit jours jusqu'à un
mois; le veau d'élève tette pendant six semaines ou deux mois ; à un mois, on commence
à lui faire manger des fourrages de choix. Le
taureau est châtré beaucoup trop tard ; on
attend, pour le bistourner, qu'il ne soit plus
apte à la reproduction, vers cinq ans ; il vau-

drait mieux, selon nous, l'employer à treize mois et le châtrer à trois ans : ses produits seraient meilleurs, l'animal conviendrait mieux pour le travail et se laisserait mieux engraisser pour la boucherie. Au moment du vêlage, la vache reçoit des soupes composées de pain et de légumes; ce régime ne s'applique que pendant deux jours après la mise-bas; les huit ou quinze jours qui suivent entraînent encore des soins particuliers; ensuite, l'animal reprend sa vie ordinaire. En général, les vaches vont pâturer le long des chemins dans le canton; chez quelques propriétaires seulement, elles sont soumises à une stabulation permanente. Le rendement moyen en lait est de cinq à six litres par jour. Les vaches ne travaillent pas, si ce n'est chez quelques pauvres cultivateurs. C'est aussi par exception qu'on voit les bœufs à la charrue.

Au Pont-de-Beauvoisin et à Virieux, les

vaches sont saillies à deux ans; le taureau commence son service à dix-huit mois, on le bistourne à trois ans. Le veau de boucherie tette pendant douze jours; celui d'élève, pendant un mois.

A la ferme expérimentale de Chimilin, les jeunes veaux sont traités d'une manière très-remarquable : ils sont nourris, trois fois par jour, avec de la farine d'orge réduite en bouillie sur le feu, et dans laquelle il entre un tiers de lait. Ce régime dure trois mois; après ce temps, les animaux sont envoyés au pacage; néanmoins, ils continuent à recevoir encore pendant un certain temps une boisson faite avec de la farine et des débris de cuisine. Quand ils sont relâchés, on leur fait avaler quelques œufs. La vache, pendant l'hiver, est nourrie avec de la mêlée; quelques-uns y ajoutent des betteraves. L'été, les animaux pacagent depuis cinq heures du matin jusqu'à sept; à l'étable, on leur donne des fourrages verts, surtout du trèfle. Le soir, ils retournent au pacage vers les cinq heures.

Dans l'arrondissement de Saint-Marcellin, la vache est saillie à deux ans; le taureau commence son service à cet âge. Le veau de boucherie tette pendant vingt jours, l'élève pendant six semaines. La vache qui nourrit reçoit des boissons blanches ou des tourteaux de noix et du foin. L'hiver, les animaux vivent de paille mêlée de regain; ils font trois repas. Dans la plaine, la stabulation est permanente; dans la montagne, les animaux vont au pâturage. Les bœufs, pendant la belle saison, travaillent ainsi qu'il suit : ils vont aux champs depuis six heures jusqu'à onze, et repartent ensuite à trois heures, pour ne revenir qu'à sept. Plusieurs cultivateurs sont dans l'usage de diviser le travail en trois attelées : on part alors au point du jour, jusqu'à sept heures;

les animaux se reposent pendant deux heures à l'étable, ils la quittent à neuf heures, pour rentrer à midi ; ils ne sortent ensuite qu'à quatre heures, et reviennent à la nuit tombante.

Dans le canton de Roybon, les bêtes bovines sont nourries, pendant l'été, avec du foin et pacagent sur les regains ; l'hiver, on leur donne de la paille et du foin. Les labours s'exécutent avec des bœufs. Les animaux vont au travail à quatre heures du matin, pendant l'été, jusqu'à neuf heures ; ils retournent aux champs à deux heures, et y restent jusqu'à six. L'hiver, ils demeurent constamment à l'étable.

Au Bourg-d'Oisans, dans l'arrondissement de Grenoble, les vaches font trois repas par jour : le matin, elles reçoivent du chaume avec du foin ; à midi, on leur donne des feuillages ; le soir, elles ont de la mêlée.

À Chichilianne, la nourriture d'hiver consiste en mêlée. Les bêtes vont à la montagne à partir du 24 juin, elles en descendent du 13 au 14 septembre. Excepté la commune de Livet, où chaque habitant a son habitation et son étable dans la montagne, les troupeaux des autres communes vivent en plein air dans les pâturages des Alpes dauphinoises; il y existe une étable pour les bêtes malades.

Dans la vallée de Grésivaudan, les vaches sont saillies à deux ans; le taureau commence son service à quinze ou dix-huit mois, on le bistourne à trois ans. Le veau tette pendant un mois ou six semaines; après ce temps, on lui donne des soupes de farine mêlée d'un peu de lait, et, un mois après qu'il a suivi ce régime, on l'envoie au pâturage. L'hiver, les bœufs vivent de paille, de foin et de mêlée; l'été, ils vont dans la montagne dès les premiers jours de juin, et en descendent vers le

15 septembre. Les bêtes que l'on garde dans l'exploitation, pour les travaux de la culture, sont nourries au vert pendant le cours de la belle saison. L'été, les bœufs vont au labour depuis quatre heures du matin jusqu'à dix, et, le soir, depuis trois heures jusqu'à sept. On fait également deux attelées l'hiver : la première, depuis sept heures et demie jusqu'à midi; la deuxième, depuis deux heures jusqu'à cinq.

MULETS.

On commence à élever des mulets à la Côte-Saint-André et près de Vienne, dans l'arrondissement de ce nom, ainsi que dans celui de Saint-Marcellin; on en trouve aussi quelques-uns dans l'arrondissement de la Tour-du-Pin.

Les mulets proviennent, en général, de la

Comté. On les achète à dix-huit mois; vers deux ans, on les fait travailler. C'est aussi à cet âge qu'on les coupe. Leur nourriture se compose de foin, de trèfle et de luzerne; dans le premier âge, on leur donne une boisson faite avec de la farine de seigle. Ces animaux, très-robustes et très-sobres, réussissent très-bien dans le département; on en exige communément dix heures de travail par jour.

BÊTES OVINES.

Le département de l'Isère n'est point un pays à bêtes à laines, non qu'elles ne puissent réussir dans ce pays; mais l'extrême division des propriétés ne permettant pas d'avoir des troupeaux un peu considérables, ce genre d'industrie s'exploite par lots, encore ne le rencontre-t-on que chez un petit nombre de cultivateurs. Les arrondissements de Vienne, la partie orientale de celui de la

Tour-du-Pin, et le Bourg-d'Oisans, dans l'arrondissement de Grenoble, sont les principales localités où l'on trouve des bêtes à laine; nulle part elles ne forment de troupeaux proprement dits.

Il existe deux races distinctes de bêtes à laine dans l'Isère : l'une, petite, à laine jarreuse, de couleur brune ou noirâtre, et connue dans le pays sous le nom de *ravats;* l'autre, à laine demi-fine, provenant de bêtes du pays. Cette dernière s'est particulièrement croisée avec des mérinos, répandus dans le canton du Bourg-d'Oisans. Les brebis portent ordinairement à un an; le bélier commence la lutte à quinze ou dix-huit mois. Chez beaucoup de cultivateurs, il vit en commun avec les brebis, aussi a-t-on des agneaux à toute époque. Quelques-uns laissent les agneaux tetter autant qu'ils le veulent, d'autres sèvrent à trois mois. Pendant l'allaitement, la brebis

reçoit à la bergerie du foin de trèfle, de luzerne ou de prairie; quand il fait beau, elle
se nourrit dans les pacages. Les cultivateurs
aisés de l'arrondissement de Meizieux lui donnent, en outre, à cette époque, des betteraves
et un peu de son. La tonte a lieu en juin et
en juillet. Les bêtes les plus communes ne
donnent guère que 1 kilogramme de laine en
suint, les métis, plus fins, donnent 1 kilogramme 500 grammes. Dans le canton de
Meizieux, les bêtes, plus fortes et mieux
nourries, rendent 3 kilogrammes en raie.
Dans l'arrondissement de la Tour-du-Pin, les
moutons pacagent une partie de l'année dans
les broussailles des coteaux. Chez les cultivateurs aisés, on les nourrit avec de la mêlée
(paille et luzerne, ou foin); à la bergerie, ils
mangent aussi des feuillages. L'engraissement
s'effectue généralement au pâturage; beaucoup
de cultivateurs l'achèvent avec des rations de
grain mélangé de son, et avec un peu de sel.

Le département de l'Isère, bien que n'élevant pour son compte qu'un petit nombre de bêtes à laine, en nourrit de vastes troupeaux pendant la belle saison. Chaque année, vers la Saint-Jean, des troupeaux de trois à quatre mille mérinos, chacun sous la conduite de deux ou trois hommes, arrivent de la Provence, notamment du territoire d'Arles, pour parquer dans les prairies alpestres du Dauphiné. Les pâturages se louent de 90 centimes à 1 franc par tête; les animaux restent tout le temps exposés à l'air libre dans ces hautes régions, excepté quand il survient des pluies tenaces, auquel cas on les abrite sous des hangars construits en pierre sèche. Chaque soir, ils sont comptés, et parquent près du chalet, sous la garde de deux mâtins, qui les défendent contre les attaques du loup. Les pâturages les plus estimés sont ceux où dominent le plantain, le trèfle et le pâturin des Alpes (*plantago alpina, trifolium alpinum, poa alpina*). A la fin de la saison, c'est-à-dire vers le mois d'octobre, les bêtes sont bien en chair; elles descendent de la montagne, et repartent pour la Provence aussitôt que les neiges deviennent trop abondantes. On estime que la campagne a été bonne lorsqu'on n'a perdu que 5 pour 100 du troupeau mérinos depuis l'arrivée aux pâturages jusqu'au moment où on les abandonne.

PORCS.

On n'élève qu'une seule race de porcs dans le département de l'Isère; elle se reconnaît à la hauteur des jambes, à son dos busqué, à ses oreilles pendantes et à sa couleur noire. Le mode d'élève et d'engraissement est à peu près le même dans toutes les localités. La truie est saillie communément à huit ou dix mois, plusieurs, même, la font couvrir dès l'âge de six mois. Il vaudrait mieux at-

tendre que l'animal eût acquis toute sa croissance, ce qui a lieu, en général, à un an. Le
verrat est employé à la reproduction à quinze
ou dix-huit mois, souvent aussi beaucoup plus
tôt; on le garde plus ou moins longtemps,
selon l'usage des localités et les ressources
du cultivateur. Dans la plupart des cantons,
la truie ne porte qu'une fois; elle donne de
six à huit petits. Pendant la durée de l'allaitement, qui se prolonge jusqu'à trois, quatre et
cinq mois, la mère reçoit des pommes de terre
cuites, du son et du petit-lait, ainsi que des
débris de cuisine. Dans le canton de Crémieux, pendant les quinze jours qui suivent la
mise-bas, on donne à la truie de la farine de
maïs et des soupes de pain; après ce temps,
son régime alimentaire consiste en pommes
de terre cuites avec de la farine de sarrasin et
d'orge. L'été, elle reçoit du petit-lait et des
débris de cuisine. Chez presque tous les cultivateurs, dès que les petits sont sevrés, on

les envoie vaguer dans les champs avec leur mère; ils pâturent dans les trèfles et le long des chemins. Vers le mois de septembre, on leur donne des pommes de terre crues, pour les mettre en chair; puis, du maïs, des pommes de terre cuites, et aussi de la farine de seigle et d'orge : cette dernière vaut mieux que la farine de seigle; elle agit davantage sur le tissu graisseux de l'animal. Dans la montagne, on se sert de glands, de châtaignes et de fruits pour commencer l'engraissement; on l'achève avec de la farine d'orge, de seigle et de sarrasin. A la Côte-Saint-André, M. Réveillon, fort habile cultivateur, engraisse au mois de novembre les porcs venus dans l'année et ceux nés l'année précédente; il se sert de pommes de terre cuites et de farine de sarrasin, le tout mélangé et préparé quatre heures à l'avance: la pâte contracte ainsi un goût acide et profite mieux à l'animal. L'engraissement dure généralement deux mois à deux mois et demi. Les porcs d'un an pèsent alors environ 150 kilogrammes; ceux qui sont plus jeunes n'atteignent guère que 100 kilogrammes.

CHÈVRES.

Il existe une quantité assez considérable de chèvres dans la partie montueuse du département. Les dégâts causés par ces animaux dans les taillis où on les envoie chercher leur nourriture, ainsi que les dommages qu'ils occasionnent aux arbres et dans les haies, avaient attiré la sollicitude de l'administration. Il est fâcheux que les mesures pleines de sagesse adoptées par M. Pellenc, préfet de l'Isère, pour assujettir les chèvres à une stabulation permanente, n'aient pu être exécutées. L'agriculture se trouverait délivrée aujourd'hui d'un véritable fléau, et les cultivateurs auraient trouvé un grand profit à imiter les

excellents procédés suivis près Lyon, pour en-
tretenir les chèvres à l'étable et confectionner,
avec leur lait, les fromages si justement re-
nommés du Mont-d'Or.

FABRICATION DU FROMAGE.

On fabrique trois sortes de fromages dans le
département de l'Isère : du fromage blanc, du
fromage de chèvre, et le fromage bleu, plus
connu sous le nom de fromage de *Sassenage*.

FROMAGE BLANC.

Dès que le lait est trait, on y jette la présure. 24 heures après, le caillé est mis dans
une forme ronde en fer-blanc, de 40 à 50
centimètres de circonférence sur 54 millimètres de hauteur, et qui est percée de petits trous au pourtour et dans le fond : le
caillé s'y égoutte. Quand il a acquis assez de
consistance pour pouvoir être transvasé sans

se briser, on le retourne et on le sale légèrement. Cela fait, on place le fromage sur un
lit de paille, dans une cage en bois, divisée
en deux compartiments et suspendue aux fenê-
tres. Le fromage reste ainsi exposé à l'action
de l'air extérieur pendant deux ou trois jours.
S'il fait beau, ce temps suffit pour le sécher.
Chaque fromage, dépouillé de son excès
d'humidité, pèse 2 onces environ. Il y entre
2 litres de lait. On peut le garder en cet état
pendant six mois; passé ce temps, il se dessèche et perd de sa qualité. Ce fromage ne
s'exporte pas hors du département; il sert à
la consommation des habitants. Le demi-kilo-
gramme se vend 40 centimes.

FROMAGE DE CHÈVRE.

Indépendamment du fromage blanc, on
fabrique une autre espèce de fromage désigné
sous le nom de fromage de chèvre ; voici

comment on procède à sa confection. Les chèvres sont traites trois fois par jour; on se sert indifféremment du lait obtenu aux différentes périodes de la journée. On y met de la présure; le caillé est ensuite versé dans des formes en terre, percées de trous, qui servent à le débarrasser du petit-lait qu'il contient; on l'expose en cet état à l'air extérieur, dans des cages d'osier. Dès que le caillé a pris suffisamment de consistance, on sale le fromage sur les deux faces. Quinze jours après sa fabrication, il est propre à la consommation. Il entre un quart de litre de lait dans chaque fromage. Le demi-kilog. de fromage de chèvre se vend 75 centimes.

FROMAGE DE SASSENAGE.

Nous rapporterons textuellement ici les renseignements que nous tenons d'un praticien distingué sur la fabrication de ce fromage.

24.

Supposons que l'on opère sur cent litres de lait.

Immédiatement après la *tirée*, on fait chauffer le lait, jusqu'à l'ébullition, dans un chaudron de cuivre spécialement affecté à cet usage. Au moment où le lait est prêt à se répandre sur le feu, on l'enlève et on le dépose dans une cave bien fraîche. Cette opération ayant pour but de provoquer la séparation de la crème, d'où l'on retire le beurre, il faut laisser reposer cette chaudière au moins vingt-quatre heures avant de l'écrémer. Sur la tirée suivante, que l'on suppose également de cinquante litres, on prélève la moitié, que l'on fait chauffer de la même manière ; l'autre moitié est conservée froide. Il faut avoir soin d'éloigner les vases contenant le lait chaud de ceux contenant le lait froid, parce que la chaleur ferait tourner ce dernier, ce qui nuirait à la qualité du fromage.

Par suite du chauffage, le lait se dépouille de sa partie butireuse, qui vient se coaguler à la surface. Pour cette opération, vingt-quatre heures sont suffisantes, néanmoins, le lait pourrait être conservé dans cet état beaucoup plus longtemps, sans se gâter, si le besoin l'exigeait; mais alors il est important de ne pas l'écrémer avant de vouloir en retirer le fromage.

Après avoir écrémé, on verse le lait (75 litres dans l'hypothèse actuelle) dans un grand vase en bois de sapin, et non dans une chaudière, attendu que le bois paraît plus convenable à cette opération que les métaux; on y joint les 25 litres restant du lait de la deuxième tirée (qui n'ont été ni chauffés ni écrémés), après les avoir fait chauffer jusqu'à l'ébullition.

On mélange le tout, pour que la température soit égale partout. Par suite de ce mélange, elle se trouve ordinairement entre 32 et 35 degrés centigrades.

On ajoute au mélange un quart de litre environ de présure, préalablement préparée, et on remue.

Le vase de bois dans lequel on opère doit être clos avec soin, afin de mieux conserver la température.

Au bout d'une demi-heure, le lait se caille. Il faut alors le remuer, pour en faciliter la décomposition. Le fromage va au fond, et le petit-lait reste à la surface; on l'enlève avec une cuiller à mesure qu'il se forme.

Cette opération se produit lentement et dure environ une heure.

Pour mieux séparer le petit-lait, on penche le vase de telle sorte que le fond soit plus haut que l'ouverture, et on le laisse quelque temps dans cette position.

Le fromage étant séparé autant que possible du petit-lait, on le pétrit avec la main, de manière à rendre la pâte aussi fine et aussi homogène que possible; puis on la presse fortement dans un moule qui lui donne la forme qu'il conserve, après toutefois avoir garni ce vase d'un linge à l'intérieur. Le moule est une coupe en bois, percée de toutes parts, afin de laisser échapper le petit-lait qui pourrait y rester encore.

Cette opération peut se faire en une demi-heure. Le fromage ainsi préparé est couvert des bouts du linge que l'on a mis au fond du moule, et qui dépassent; il est placé avec son moule sur un socle destiné à recevoir les suintements du petit-lait, près du feu, afin, sans doute, de le mieux dessécher.

Il reste dans cet état toute la journée.

Le lendemain, on lui enlève le linge dont il est enveloppé. A cet effet, on a un second moule, semblable au premier, dont on applique l'ouverture sur le fromage; on renverse le tout, et une légère secousse fait changer le fromage de place.

On commence alors à le saler, en plaçant dessus une couche de sel pilé, épaisse d'environ 1 centimètre, pour saturer ce côté. Il reste encore une journée dans cet état; il est devenu ferme, et peut se tenir sur la main.

Le lendemain, on le retourne pour saler l'autre face. On frotte tout le tour avec du sel pilé, que l'on presse légèrement pour le fixer partout, afin de le préserver des insectes, et on le dépose dans un endroit sec et chaud, sur de la paille ferme, pour le bien faire sécher.

Il reste dans cet endroit quatre ou cinq jours, et doit être souvent retourné.

Quand il a atteint une consistance assez ferme, il est placé dans la cave, où il doit bleuir à l'intérieur, et d'où il ne doit sortir qu'après deux ou trois mois, pour être livré au commerce.

OBSERVATIONS.

1° Sur 100 litres de lait, il y a environ 3 kilogrammes 1/2 de beurre fondu et 10 kilogrammes de fromage prêt à être mangé. (Cette observation n'est qu'approximative et n'a pas été faite rigoureusement.)

2° Pour faire du bon fromage, il faut un dixième au moins et un cinquième au plus de lait de chèvre ou de brebis.

3° Il faut écrémer une moitié au moins et les trois quarts au plus du lait employé.

4° Les ustensiles dont on se sert, soit pour contenir le lait, soit pour faire les fromages, doivent être parfaitement propres.

5° Les caves dans lesquelles sont déposés le lait et les fromages doivent être d'une température fraîche et peu variable.

6° Le fromage des bestiaux surchargés de travail vaut moins que celui des animaux soumis à un travail modéré.

État des Bois appartenant à l'État, aux communes et aux établissements publics, dans le département de l'Isère, et soumis au régime forestier.

CATÉGORIE.	ÉTENDUE. HECTARES.	MODE D'EXPLOITATION.	ESSENCES DOMINANTES.	NATURE DU SOL.	SERVITUDE dont CES FORÊTS sont grevées.
Domaniaux..	14,655 73	La moitié de ces forêts est traitée en futaie; le reste est coupé en taillis. Les futaies en bon état, situées à une médiocre hauteur, sont éclaircies périodiquement, selon la méthode allemande. Les futaies dégradées et celles très-élevées au-dessus du niveau de la mer sont exploitées par la méthode jardinatoire. Les taillis se divisent en taillis composé ou tout futaie, et en taillis simple : les taillis composés sont ceux situés en terrain médiocre et peuplés de bois durs; les taillis simples ne se composent guère que de bois blancs et de morts-bois; ils recouvrent les plus mauvais sols.	Pour les futaies: Le sapin, l'épicéa, le mélèze, le pin sylvestre, le hêtre, le frêne, l'érable et le chêne. Pour les taillis : Le hêtre, le chêne, le charme, le frêne, l'érable, l'alizier, l'aulne, le saule et le coudrier.	Sol de montagne très-varié, et très-propre à la culture des bois résineux; généralement riche d'humus, meuble, frais, mélangé de pierres, ayant pour base minéralogique la roche calcaire ou granitique, ou le poudingue.	Quelques droits de marennage, de chauffage et de passage.
Communaux et d'établissements publics......	56,770 16				
	71,425 89				

NOTA. Les bois de particuliers, n'étant pas suffisamment connus de l'Administration des forêts, ne figurent pas sur cet état. Leur étendue approximative est de 80,000 hectares.

FIN.

TABLE DES MATIÈRES

CONTENUES DANS CET OUVRAGE.

FIN DE LA TABLE.

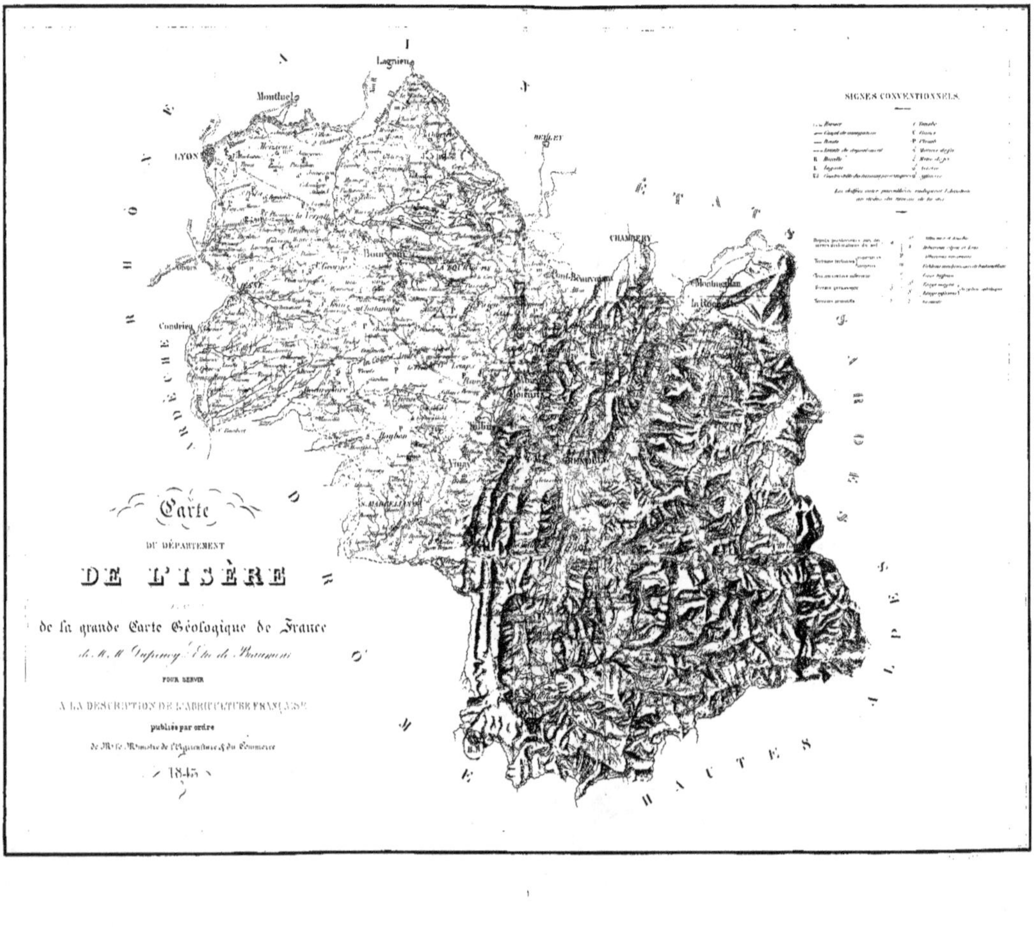

Carte
DU DÉPARTEMENT
DE L'ISÈRE
de la grande Carte Géologique de France
de MM. Dufrenoy et Élie de Beaumont
POUR SERVIR
A LA DESCRIPTION DE L'AGRICULTURE FRANÇAISE
publiée par ordre
de Mr le Ministre de l'Agriculture & du Commerce
1843
SIGNES CONVENTIONNELS
Montluels
Lagnieu
BELLEY
LYON
CHAMBERY
Pont-Beauvoisin
Montmelian
la Rochette
Condrieu
Bourgoin
S. MARCELLIN
RHONE
ARDECHE
SAVOIE
HAUTES ALPES